工业机器人应用编程

主　编　谭亚红　谢立夏
副主编　徐定成

北京理工大学出版社
BEIJING INSTITUTE OF TECHNOLOGY PRESS

内 容 简 介

本书以工业机器人应用编程职业技能等级标准（初级）要求为开发依据，主要内容包括：能遵守安全操作规范，对工业机器人进行参数设定，手动操作工业机器人；能按照工艺要求熟练使用基本指令对工业机器人进行示教编程，可以在相关工作岗位从事工业机器人操作编程、工业机器人应用维护、工业机器人安装调试等工作。本书从企业的生产实际出发，经过广泛调研，选取激光切割、焊接、搬运、码垛、装配、视觉检测等典型应用，以 ABB 工业机器人为载体，以工作任务为核心，重构相关学习内容，系统介绍工业机器人基本指令、PLC 接口、驱动控制等应用技能，使学习者能够在相关工作任务的完成过程中，掌握工业机器人领域宽泛的基础性知识，能运用示教编程的方法，根据现场给定的工艺要求，自主完成相关应用编程能力，承担相应的岗位责任。

本书主要用于参与工业机器人应用编程 1+X 证书制度试点的高等院校、高职院校中工业机器人技术应用相关专业的教学与培训；同时，也适用于企业在岗职工和社会学习者的培训与认证等。

图书在版编目（CIP）数据

工业机器人应用编程／谭亚红，谢立夏主编. -- 北京：
北京理工大学出版社，2024. 6.
ISBN 978-7-5763-4356-4

Ⅰ. TP242. 2

中国国家版本馆 CIP 数据核字第 2024S5J138 号

责任编辑： 陈莉华 　　**文案编辑：** 陈莉华
责任校对： 刘亚男 　　**责任印制：** 李志强

出版发行／	北京理工大学出版社有限责任公司
社　　址／	北京市丰台区四合庄路 6 号
邮　　编／	100070
电　　话／	(010) 68914026（教材售后服务热线）
	(010) 63726648（课件资源服务热线）
网　　址／	http://www.bitpress.com.cn
版 印 次／	2024 年 6 月第 1 版第 1 次印刷
印　　刷／	北京国马印刷厂
开　　本／	787 mm×1092 mm　1/16
印　　张／	20.25
字　　数／	475 千字
定　　价／	94.00 元

前　言

《国家职业教育改革实施方案》中明确提出，在职业院校、应用型本科高校启动实施学历证书+职业技能等级证书制度（1+X）试点工作。实施 1+X 证书制度，是促进技术技能人才培养培训模式和评价模式改革、提高人才培养质量的重要举措，是拓展就业创业本领、缓解结构性就业矛盾的重要途径，对于构建国家资历框架、推进教育现代化、建设人力资源强国具有重要意义。

当前，在新一轮科技革命和产业变革的新浪潮下，新一代人工智能带动着智能制造产业飞速发展，对人才提出了新挑战、新要求。目前，我国从事机器人及智能制造行业的相关企业有上万家，但相应的人才储备在结构、数量和质量上都捉襟见肘，甚至缺口达数百万，严重影响产业高质量发展，可见人才已经成为产业转型升级的重要制约要素之一。另外，我国中等、高等职业院校和应用型本科院校，为了适应产业发展对人才培养提出的新要求，纷纷开设工业机器人应用领域相关的专业（方向），仅中、高职院校设置工业机器人技术相关专业的办学点数量就在近几年内迅速增加到上千个；但从工业机器人应用领域复合型技术技能人才培养方面看，还存在终身学习体系不健全，专业教学标准、实训条件标准、评价标准等制度标准不完善，实训基地建设质量不高等一系列问题。

本书以工业机器人应用编程职业技能等级标准（初级）要求为开发依据，主要内容包括：能遵守安全操作规范，对工业机器人进行参数设定，手动操作工业机器人；能按照工艺要求熟练使用基本指令对工业机器人进行示教编程，可以在相关工作岗位从事工业机器人操作编程、工业机器人应用维护、工业机器人安装调试等工作。本书从企业的生产实际出发，经过广泛调研，选取激光切割、焊接、搬运、码垛、装配、视觉检测等典型应用，以 ABB 工业机器人为载体，以工作任务为核心，重构相关学习内容，系统介绍工业机器人基本指令、PLC 接口、驱动控制等应用技能，使学习者能够在相关工作任务的完成过程中，掌握工业机器人领域宽泛的基础性知识，能运用示教编程的方法，根据现场给定的工艺要求，自主完成相关应用编程能力，承担相应的岗位责任。

本书主要用于参与工业机器人应用编程 1+X 证书制度试点的中职、高职、应用型本科院校中工业机器人技术应用相关专业的教学与培训；同时，也适用于企业在岗职工和社会学习者的培训与认证等。

　　本书由重庆工程职业技术学院谭亚红和谢立夏担任主编，重庆建筑工程职业学院徐定成担任副主编。江苏汇博机器人技术股份有限公司王炜对本书的出版给予了大力帮助和支持，在此表示衷心的感谢！

　　最后，对参与本书编写和出版的所有人员表示衷心的感谢。感谢他们的辛勤工作和宝贵建议，使这本书能在学术性和实用性上都具有一定的出版价值。若有疏漏，也请大家多多指正。

编　者

目 录

任务　工业机器人的认知

任务描述

工业机器人应用编程人员在开始操作工业机器人之前，需要了解工业机器人的发展、工业机器人的分类，认识 ABB 工业机器人以及工业机器人的系统组成、工业机器人的性能指标，为工业机器人基本操作做好准备工作。

任务目标

1. 认识工业机器人的发展；
2. 认识工业机器人的分类；
3. 了解 ABB 工业机器人；
4. 掌握工业机器人的系统组成；
5. 熟悉工业机器人的性能指标；
6. 能与他人合作完成查阅操作说明书，养成团队合作精神；
7. 在完成操作过程中，养成良好的工作态度。

知识准备

1.1　工业机器人的发展

工业机器人是面向工业领域的多关节机械手或多自由度的机器装置，它能自动执行工作，是靠自身动力和控制能力来实现各种功能的一种机器。它是在机械手的基础上发展起来的，国外称之为 Industrial Robot。

工业机器人的出现将人类从繁重单一的劳动中解放出来，而且它还能够从事一些不适合人类甚至超越人类的劳动，实现生产的自动化，避免工伤事故和提高生产效率。工业机器人能够极大地提高生产效率，已经广泛地应用于电力、新能源、汽车、制造、食品饮料、医药制造、钢铁、铁路、航空航天等众多领域。

1954 年，美国人戴沃尔最早提出了工业机器人的概念，并申请了专利。该专利的要点是借助伺服技术控制机器人的关节，利用人手对机器人进行动作示教，使机器人能实现动

认识工业
机器人

作的记录和再现。这就是所谓的示教再现机器人。现有的机器人差不多都采用这种控制方式。

1965 年，MIT 的罗伯茨（Roborts）演示了第一个具有视觉传感器的、能识别与定位简单积木的机器人系统。1967 年，日本成立了人工手研究会（现改名为仿生机构研究会），同年召开了日本首届机器人学术会议。1970 年，在美国召开了第一届国际工业机器人学术会议。1970 年以后，机器人技术的研究得到迅速发展。1973 年，辛辛那提·米拉克隆公司的理查德·豪恩制造了第一台由小型计算机控制的工业机器人，它是液压驱动的，能提升的有效负载达 45 kg。到了 1980 年，工业机器人才真正在日本普及，故称该年为"机器人元年"。随后，工业机器人在日本得到了巨大的发展，日本也因此而赢得了"机器人王国"的称誉。

工业机器人
的现状

全球的工业机器人主要由日本和欧洲公司制造，瑞士的 ABB 公司是世界上最大的机器人制造公司之一。1974 年，ABB 公司研发了世界上第一台全电控式工业机器人 IRB6，主要应用于工件的取放和物料搬运。1975 年，该公司生产出第一台焊接机器人，1980 年兼并 Trallfa 喷漆机器人公司后，其机器人产品趋于完备。ABB 公司制造的工业机器人广泛应用在焊接、装配铸造、密封涂胶、材料处理、包装、喷漆以及水切割等领域。

德国的 KUKA Roboter GMBH 公司是世界上几家顶级工业机器人制造商之一。1973 年研制开发了 KUKA 的第一台工业机器人，年产量达到一万台左右。该公司所生产的机器人广泛应用在仪器、汽车、航天、食品、制药、医学、铸造和塑料等领域，主要用于材料处理、机床装备、包装、堆垛、焊接以及表面修整等。如图 1-1 所示为工业机器人的相关功能及场景。

码垛

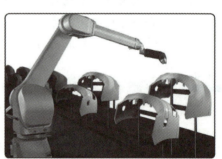

喷涂

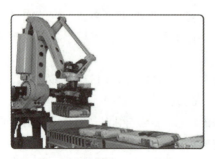

搬运

焊接

图 1-1　工业机器人

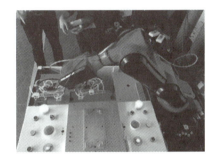

图 1-1　工业机器人（续）

1.2 工业机器人的分类

工业机器人
的发展趋势

（一）按照技术发展水平分类

1. 示教再现型机器人

第一代工业机器人是示教再现型的，具有记忆能力，这类机器人能够按照人类预先示教的轨迹、行为、顺序和速度重复作业。一种示教是由操作人员手把手示教，另一种比较普遍的方式是通过示教器示教，如图 1-2 所示。目前，绝大部分应用中的工业机器人均属于示教器示教这一类。缺点是操作人员的水平会影响工作质量。

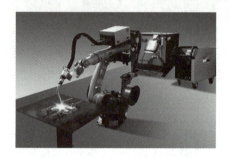

图 1-2　示教再现型机器人

2. 感知机器人

第二代工业机器人具有环境感知装置，对外界环境有一定感知能力，并具有听觉、视觉、触觉等功能，工作时，根据感觉器官（传感器）获得信息，灵活调整自己的工作状态，保证在适应环境的情况下完成工作，如图 1-3 所示。

图 1-3　感知机器人

3. 智能机器人

第三代工业机器人称为智能机器人，如图 1-4 所示。它具有高度的适应性，能自学、推断、决策等，目前还处在研究阶段。

（二）按照臂部的运动形式、执行机构运动的控制机能、程序输入方式等进行分类

1. 工业机器人按臂部的运动形式分类

工业机器人按臂部的运动形式分类，可分为以下四种。

直角坐标型机器人：臂部可沿三个直角坐标移动，如图 1-5 所示。

图 1-4　智能机器人

图 1-5　直角坐标型机器人

圆柱坐标型机器人：臂部可做升降、回转和伸缩动作，如图 1-6 所示。

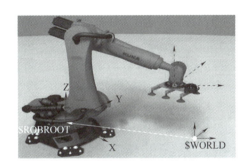

图 1-6　圆柱坐标型机器人

球坐标型机器人：臂部能回转、俯仰和伸缩，如图 1-7 所示。

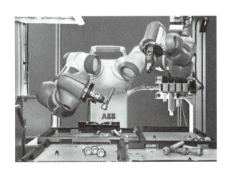

图 1-7　球坐标型机器人

关节型机器人：臂部有多个转动关节，如图 1-8 所示。

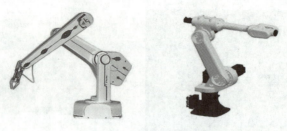

图 1-8   关节型机器人

2. 工业机器人按执行机构运动的控制机能分类

工业机器人按执行机构运动的控制机能分类可分为点位型和连续轨迹型。点位型工业机器人只控制执行机构由一点到另一点的准确定位，适用于机床上下料、点焊和一般搬运、装卸等作业；连续轨迹型工业机器人可控制执行机构按给定轨迹运动，适用于连续焊接和涂装等作业。

3. 工业机器人按程序输入方式的不同分类

工业机器人按程序输入方式的不同分类分为编程输入型和示教输入型两类。编程输入型工业机器人是将计算机上已编好的作业程序文件通过 RS232 串口或者以太网等通信方式传送到机器人控制柜。

示教输入型工业机器人的示教方法有两种：一种是由操作者用手动控制器（示教操纵盒），将指令信号传给驱动系统，使执行机构按要求的动作顺序和运动轨迹操演一遍；另一种是由操作者直接操作执行机构，按要求的动作顺序和运动轨迹操演一遍。在示教过程的同时，工作程序的信息将自动存入程序存储器中，在机器人自动工作时，控制系统从程序存储器中检测出相应信息，将指令信号传给驱动机构，使执行机构再现示教的各种动作。示教输入程序的工业机器人称为示教再现型工业机器人。

1.3 工业机器人系统的组成

工业机器人系统主要由机器人本体、控制器和示教器组成，如图 1-9 所示。

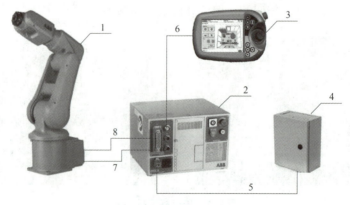

图 1-9   工业机器人系统组成

1—机器人本体；2—控制柜；3—示教器；4—配电箱；
5—电源电缆；6—示教器电缆；7—编码器电缆；8—动力电缆

（一）机器人本体

机器人本体主要由机械臂、驱动系统、传动单元和内部传感器等部分组成，如图1-10所示。

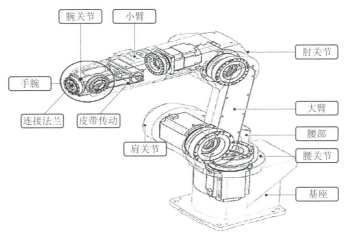

图 1-10　机器人本体

1. 机械臂

机械臂包括基座、腰部、臂部（大臂和小臂）和腕部。

工业机器人工具快换装置可以实现快速地更换末端执行器，提高工作效率。工具快换装置通常由主盘和工具盘组成，主盘安装在工业机器人法兰盘上，工具盘与末端执行器连接。快换装置的释放和夹紧可以由主盘工具通过气动形式来实现。常见工业机器人工具快换装置有吸盘、弧口气爪、直口气爪、绘图笔工具等，如图1-11所示。

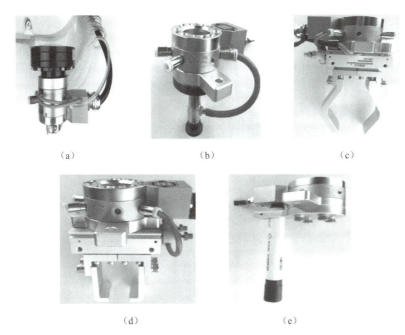

图 1-11　工具快换装置

（a）快换装置母盘；（b）吸盘工具；（c）弧口气爪工具；（d）直口气爪工具；（e）绘图笔工具

2. 驱动系统

机器人驱动系统的作用是为执行元件提供动力，常用的驱动方式有液压驱动、气压驱动、电气驱动三种类型，如表1-1所示。

表1-1　机器人驱动系统

驱动方式	输出力	控制性能	维修使用	结构体积	使用范围	制造成本
液压驱动	压力高，可获得大的输出力	油液压缩量微小，压力、流量均容易控制，可无级调速，反应灵敏，可实现连续轨迹控制	维修方便，液体对温度变化敏感，油液泄漏易着火	在输出力相同的情况下，体积比气压驱动小	中、小型及重型机器人	液压元件成本较高，油路比较复杂
气压驱动	气体压力低，输出力较小，如需输出力较大时，其结构尺寸过大	可高速运行，冲击较严重，精确定位困难。气体压缩性大，阻尼效果差，低速不易控制	维修简单，能在高温、粉尘等恶劣环境中使用，泄漏无影响	体积较大	中小型机器人	结构简单，工作介质来源方便，成本低
电气驱动	输出力中等	控制性能好，响应快，可精确定位，但控制系统复杂	维修使用较复杂	需要减速装置，体积小	高性能机器人	成本较高

3. 传动单元

工业机器人广泛采用的机械传动单元是减速器，主要有两类：RV减速器和谐波减速器。

4. 传感器

传感器处于连接外界环境与机器人的接口位置，是机器人获取信息的窗口。根据传感器在机器人上应用目的与使用范围的不同，将其分为两类：内部传感器和外部传感器。

（1）内部传感器：用于检测机器人自身的状态，如测量回转关节位置的轴角编码器、测量速度以控制其运动的测速计。

（2）外部传感器：用于检测机器人所处的环境和对象状况，如视觉传感器。它可为高端机器人控制提供更多的适应能力，也给工业机器人增加了自动检测能力。外部传感器可进一步分为末端执行器传感器和环境传感器。

（二）控制器

工业机器人控制器是机器人的大脑，如图1-12所示。控制器内部主要由主计算板、轴计算板、机器人六轴驱动器、串口测量板、安全面板、电容、辅助部件、各种连接线等组成，它通过这些硬件和软件的结合来操作机器人，并协调机器人与其他设备之间的关系。

图1-12　控制器

图 1-12　控制器（续）

（三）示教器

1. 示教器组成部件

示教器又称为示教编程器，是机器人系统的核心部件，主要由液晶屏幕和操作按钮组成，可由操作者手持移动，它是机器人的人机交互接口，机器人的所有操作上都是通过示教器来完成的，如点动机器人、编写、测试和运行机器人程序，设定、查阅机器人状态设置和位置等，ABB 示教器如图 1-13 所示。

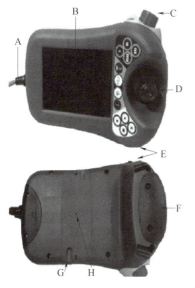

标号	部件名称	功能描述
A	连接器	与工业机器人控制柜连接
B	触摸屏	人机交互界面
C	急停按钮	紧急情况下停止工业机器人
D	操作杆	控制工业机器人的各种运动
E	USB 接口	USB 与示教器连接的接口
F	使能按键	释放电机抱闸
G	触摸笔	与触摸屏配套使用
H	重置按钮	将示教器重置为出厂状态

图 1-13　示教器组成部件

工业机器人操作时通常是左手手持示教器，右手进行操作。工业机器人示教器的手持方式如图1-14所示。如需使用右手手持，可在系统中旋转显示画面。

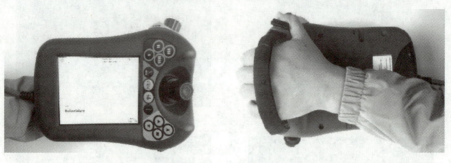

图1-14　示教器的手持方式

2. 示教器使能按键

手动模式下必须按下使能按键来释放电机抱闸从而使工业机器人能够动作，如图1-15所示。使能按键是3位选择开关，位于示教器的侧面。按到中间位时，能够释放电机抱闸。放开或按到底部时，电机抱闸都会闭合从而锁住工业机器人。

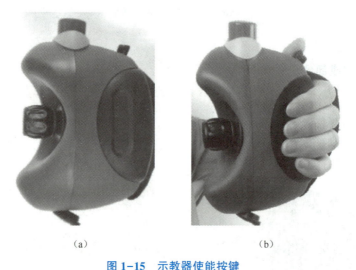

（a）　　　　　　　　　　　　　　　（b）

图1-15　示教器使能按键

（a）使能按键松开示意图；（b）使能按键按下示意图

为确保示教器的安全使用，必须注意以下情况：

（1）任何时候都必须保证使能按键可以正常工作。

（2）编程和测试过程中，工业机器人不需要移动时必须尽快释放使能按键。

（3）任何人进入机械臂工作空间必须随身携带示教器，这样可以防止其他人在不知情的情况下移动工业机器人。

3. 示教器操作杆

示教器操作杆位于示教器的右侧，如图1-16所示。操作杆可以进行上下、左右、斜角、旋转等操作，共10个方向。斜角操作相当于相邻的两个方向的合成动作。操作者在使用操作杆时，必须注意时刻观察工业机器人的动作。

图 1-16　示教器操作杆

　　另外，操作杆的摇摆幅度与工业机器人的运动速度相关。幅度越小则工业机器人运动速度越慢，幅度越大则工业机器人运动速度越快。因此，在操作不熟练的时候尽量以小幅度操作工业机器人慢慢运动，待熟悉后再逐渐增加速度为宜。

4. 示教器上硬按钮介绍

　　示教器上硬按钮介绍如图 1-17、表 1-2 所示。

图 1-17　示教器上的硬按钮

表 1-2　示教器上硬按钮介绍

代号	按键名称	功能
A～D	预设按键	预设按键是 FlexPendant 上 4 个硬件按钮，用户可根据需要设置特定功能；对这些按键进行编程后可简化程序编程或测试；它们也可用于启动 FlexPendant 上的菜单
E	机械单元选择按键	机器人轴/外轴的切换
F	线性运动/重定位运动切换按键	线性运动/重定位运动的切换
G	动作模式切换按键	关节 1~3 轴/4~6 轴的切换
H	增量开关按键	根据需要选择对应位移及角度的大小

续表

代号	按键名称	功能
J	步退执行按键	使程序后退至上一条指令
K	启动（START）按键	开始执行程序
L	步进执行按键	使程序前进至下一条指令
M	停止（STOP）按键	停止程序执行

5. 示教器主界面认知

示教器主界面如图 1-18 所示，其功能如表 1-3 所示。

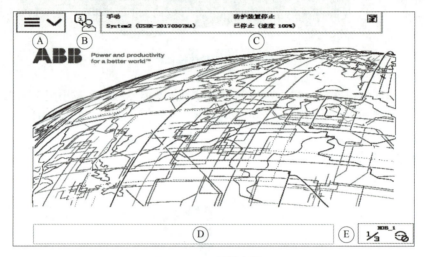

图 1-18 示教器主界面

表 1-3 示教器主界面的各部分功能

代号	名称	功能
A	菜单	菜单栏包括 HotEdit、备份与恢复、输入和输出、校准、手动操纵、控制面板、自动生产窗口、事件日志、程序编辑器、FlexPendant 资源管理器、程序数据、系统信息等
B	操作员窗口	操作员窗口显示来自机器人程序的消息；程序需要操作员做出某种响应以便继续时往往会出现此情况
C	状态栏	状态栏显示与系统状态有关的重要信息，如操作模式、电动机开启/关闭、程序状态等
D	任务栏	通过 ABB 菜单，可以打开多个视图，但一次只能操作一个；任务栏可显示所有打开的视图，并可用于视图切换
E	快速设置菜单	快速设置菜单包含对微动控制和程序执行进行的设置

1.4 工业机器人的性能指标

1. 自由度

机器人的自由度是指描述机器人本体（不含末端执行器）相对于基坐标系（机器人坐标系）进行独立运动的数目。机器人的自由度表示机器人动作灵活的尺度，一般以轴的直线移动、摆动或旋转动作的数目来表示。工业机器人一般采用空间开链连杆机构，其中的运动副（转动副或移动副）常称为关节，关节个数通常即为工业机器人的自由度数，如图 1-19 所示。

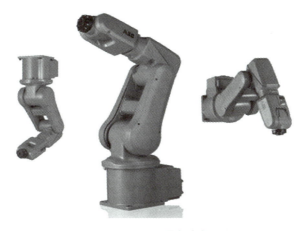

图 1-19 工业机器人的自由度

2. 工作空间

工作空间是机器人未装任何末端执行器情况下的最大空间，机器人外形尺寸如图 1-20 所示，工作空间如图 1-21 所示。

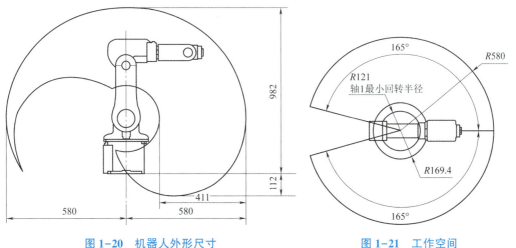

图 1-20 机器人外形尺寸   图 1-21 工作空间

3. 负载能力

负载是指工业机器人在工作时能够承受的最大载重。如果将零件从一个位置搬至另一个位置，就需要将零件的质量和机器人手爪的质量计算在负载内。目前工业机器人负载范围可从 0.5 kg 直至 800 kg。

4. 工作精度

工业机器人工作精度是指定位精度（也称绝对精度）和重复定位准确度。定位精度是指机器人手部实际到达位置与目标位置之间的差异，用反复多次测试的定位结果的代表点与指定位置之间的距离来表示。重复定位准确度是指机器人重复定位手部于同一目标位置的能力，以实际位置值的分散程度来表示。目前，工业机器人的重复定位准确度可达（±0.01～±0.5）mm。

ABB 工业机器人一般有 4 个坐标系，即大地坐标系、基坐标系、工具坐标系和工件坐标系，如图 1-22 所示。

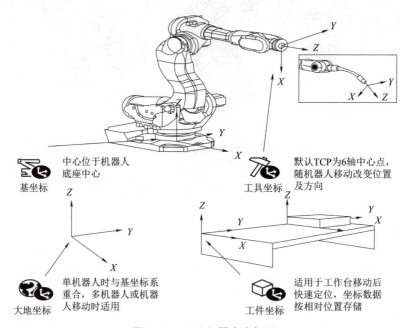

中心位于机器人底座中心

基坐标

默认TCP为6轴中心点，随机器人移动改变位置及方向

工具坐标

单机器人时与基坐标系重合，多机器人或机器人移动时适用

大地坐标

适用于工作台移动后快速定位，坐标数据按相对位置存储

工件坐标

图 1-22　工业机器人坐标系

任务实施

（一）指出 ABB 工业机器人的主要部件

分组进行 ABB 工业机器人主要部件的认知，三级评价（自评、互评和师评）后找出不足，总结并记录正确部件位置。

（二）指出电控柜主要部件

指出电控柜主要部件，包括元器件的工作原理和接线方式。

（三）介绍 ABB 工业机器人安装与日常维护

1. 工业机器人的安装

工业机器人的安装包括机器人控制柜的安装、机器人本体的安装、机器人各接口的连接、机器人本体与控制柜的连接、机器人主电源的连接及示教器的连接。

（1）机器人控制柜的安装。

①利用搬运设备将控制柜移动到安装的位置，需要注意控制柜与机器人的安装位置要求（我们可以参见相应设备使用说明书）。

②安装示教器架子及示教器电缆架子（安装位置见相应设备使用说明书）。

（2）机器人本体的安装。

通过起重机或叉车进行机器人本体的安装，不同机器人的安装方式有所差别，具体需要查看工业机器人相关说明书。安装过程中需注意预防对机器人本体的损坏。

（3）机器人各接口的连接。

不同机器人的连接接口有所差别，请按照工业机器人说明书进行连接。例如，IRB 4600 机器人本体上有上臂接口和底座接口，上臂接口主要有压缩空气接口、用户电缆 CP、用户电缆 CS，底座接口主要有用户电缆接口、电动机动力电缆、压缩空气接口、转数计数器电缆。底座接口的用户电缆、压缩空气接口是与上臂接口的用户电缆、压缩空气接口直接连通的，只需将 I/O 板信号与供气气管连接到底座接口，第六轴法兰盘上夹具或工具的信号与气管连接到上臂接口，就能实现连通了。

（4）机器人本体与控制柜的连接。

机器人本体与控制柜的连接主要是电动机动力电缆与转数计数器电缆、用户电缆的连接。将电动机动力电缆与转数计数器电缆、用户电缆的两端分别与相应的控制柜接口和机器人本体底座接口连接。

（5）机器人主电源的连接。

根据控制柜柜门内侧的主电源连接指引图，接入机器人主电源。ABB 工业机器人使用 380 V 三相四线制电源。需注意主电源的接地保护（PE）点的连接。

（6）示教器的连接。

将示教器电缆连接到控制柜示教器接口上，如图 1-23 所示。

图 1-23　机器人控制柜的连接

图 1-23　机器人控制柜的连接（续）

2. ABB 工业机器人的日常维护

想要最大程度保证 ABB 工业机器人正常运行，提高机器人使用寿命，保证高效益产出，工业机器人保养这一重要的工作在工业机器人整个生命周期中必然是一项不可或缺的必修课。工业机器人日常的安全使用和文明操作，以及日常的自检与维护工作是相当重要的，这对工业机器人保养有重要的影响，一方面提高了工业机器人易损部件的可维护性，另一方面提升了工业机器人保养工作的方便性。

工业机器人运行磨合期限为一年，在正常运行一年后，工业机器人需要进行一次预防性保养，更换齿轮润滑油。工业机器人每正常运行 3 年或 1 万小时后，必须再进行一次预防保养，特别是针对在恶劣工况与长时间在负载极限或运行极限下工作的机器人，需要每年进行一次全面预防性保养。下面介绍机器人日常保养、三个月保养、一年保养的具体内容。

（1）日常保养，具体内容为：

①检查设备的外表有没有灰尘附着。

②检查外部电缆是否磨损、压损，各接头是否固定良好，有无松动。

③检查冷却风扇工作是否正常。

④检查各操作按钮动作是否正常。

⑤检查机器人动作是否正常。

（2）三个月保养（包括日常保养），具体内容为：

①检查各接线端子是否固定良好。

②检查机器人本体的底座是否固定良好，并清扫内部灰尘。

（3）一年保养（包括日常保养、三个月保养），具体内容为：

①检查控制柜内部各基板接头有无松动。

②检查内部各线有无异常情况（如各接点是否有断开的情况）。

③检查本体内配线是否断线。

④检查机器人的电池电压是否正常（正常为 36 V）。

⑤检查机器人各轴电动机的制动是否正常。

⑥检查各轴的传动带张紧度是否正常。

⑦给各轴减速机加机器人专用油。

⑧检查各设备电压是否正常。

评价与总结

根据任务完成情况，填写评价表，如表1-4所示。

表1-4　任务评价表

任务：工业机器人的认知			实习日期：				
姓名：	班级：		学号：		导师签字：		
自评：□熟练 □不熟练	互评：□熟练 □不熟练		师评：□合格 □不合格				
日期：	日期：		日期：		日期：		
序号	评分项	得分条件	配分	评分要求	自评	互评	师评
1	主要部件指认能力	作业1：机器人主要部件 □1. 能正确指认控制柜 □2. 能正确指认轴关节 □3. 能正确指认示教器 □4. 能正确指认配电箱 □5. 能正确指认电源电缆 □6. 能正确指认示教器电缆 □7. 能正确指认编码器电缆 □8. 能正确指认控制电缆 □9. 能正确指认装配工具 作业2：控制柜部件 □1. 能正确指认控制器 □2. 能正确指认伺服驱动器 □3. 能正确指认电源	65	未完成1项扣5.5分，扣分不得超过65分	□熟练 □不熟练	□熟练 □不熟练	□合格 □不合格
2	叙述能力	□1. 能正确叙述装配机器人的使用特点 □2. 能正确叙述装配机器人的注意事项	20	未完成1项扣10分，扣分不得超过20分	□熟练 □不熟练	□熟练 □不熟练	□合格 □不合格
3	资料、信息查询能力	□1. 能正确使用维修手册查询资料 □2. 能正确使用用户手册查询资料	10	未完成1项扣5分，扣分不得超过10分	□熟练 □不熟练	□熟练 □不熟练	□合格 □不合格
4	表单填写与报告的撰写能力	□1. 字迹清晰 □2. 语句通顺 □3. 无错别字 □4. 无涂改 □5. 无抄袭	5	未完成1项扣1分，扣分不得超过5分	□熟练 □不熟练	□熟练 □不熟练	□合格 □不合格
总分							

拓展练习

一、填空题

1. 全球的工业机器人主要由日本和欧洲公司制造，瑞士的_____公司是世界上最大的机器人制造公司之一。

2. 工业机器人的四大家族是_____、_____、_____、_____。

3. 按照技术发展水平，工业机器人可分为_____、_____、_____。

4. 工业机器人按臂部的运动形式可分为_____、_____、_____、_____四种。

5. 工业机器人按使用功能分类，总体可分为6大类，具体为：_____、_____、_____、_____、_____、_____。

6. 工业机器人系统主要由_____、_____和_____组成。

7. 机械臂包括_____、_____、_____（大臂和小臂）和_____。

二、选择题

1. 机器人驱动系统的作用是为执行元件提供动力，常用的驱动方式有（   ）、气压驱动和电气驱动三种类型。

A. 液压驱动　　　　　B. 电气驱动　　　　　C. 机械驱动　　　　　D. 电机驱动

2. 工业机器人（   ）是机器人的大脑，控制器内部主要由主计算板、轴计算板、机器人六轴驱动器、串口测量板、安全面板、电容、辅助部件、各种连接线等组成。

A. 控制器　　　　　B. PLC　　　　　C. 传感器　　　　　D. 示教器

3. 手动模式下必须按下示教器的（   ）来释放电机抱闸，从而使工业机器人能够动作。

A. 操作杆　　　　　B. 急停按钮　　　　　C. 使能按键　　　　　D. 电源

4. 示教器操作杆位于示教器的右侧，可进行（   ）个方向操作。

A. 4　　　　　B. 6　　　　　C. 8　　　　　D. 10

5. ABB 工业机器人一般有 4 个坐标系，即（   ）、基坐标系、工具坐标系和工件坐标系。

A. 直角坐标系　　　　　B. 用户坐标系　　　　　C. 大地坐标系　　　　　D. 极坐标系

三、简答题

1. 简述工业机器人日常保养的具体内容。

2. 工业机器人的性能指标有哪些?

任务　工业机器人基本操作

任务描述

工业机器人编程人员在开始操作工业机器人之前，需要正确穿戴安全护具，掌握工业机器人正确的开机和关机步骤、示教器环境参数配置、工业机器人手动操作、快速工具切换，以及手动关节坐标系、手动大地坐标系、手动工具坐标系、工具数据的建立和工件坐标系的建立。运行过程中，会使用不同的工具进行工作，所以保证工具切换是首要任务。

任务目标

1. 会使用示教器；
2. 掌握工业机器人正确的开机和关机步骤；
3. 学会示教器环境参数配置；
4. 掌握业机器人手动操作；
5. 熟悉快速工具切换操作；
6. 掌握手动关节坐标系；
7. 掌握手动大地坐标系；
8. 掌握手动工具坐标系；
9. 掌握手动工件坐标系；
10. 能与他人合作完成查阅操作说明书，养成团队合作精神；
11. 在完成操作过程中，养成良好的工作态度；
12. 培养勇于奋斗、乐观向上，具有自我管理能力、职业生涯规划能力。

知识准备

随着机器人技术的发展，工业机器人已成为制造业的重要组成部分。机器人显著地提高了生产效率，改善了产品质量，对改善劳动条件和产品的快速更新换代起着十分重要的作用，加快了实现工业生产机械化和自动化的步伐。对初学者来说，手动操作机器人是学习工业机器人的基础。

工业机器人开
机和关机操作

2.1　开机与关机操作

　　我们所使用的工业机器人应用编程为一体化教学创新平台（A 型）（设备型号为 HB－JSBC－Alb），其电源开关位于控制台触摸屏的右下角，如图 2-1 所示。ABB 公司生产的 RCS5 Compact 控制柜电源开关位于操作面板的左下角，如图 2-2 所示。

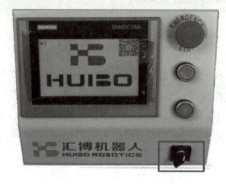

图 2-1　平台电源开关　　　　　　　　图 2-2　控制柜开关

1. 工业机器人开机

工业机器人的正确开机步骤如下：

（1）检查工业机器人周边设备、作业范围是否符合开机条件。

（2）检查电源是否正常接入。

（3）确认控制柜和示教器上的急停按钮已经按下。

（4）将控制台上电源开关旋至"1"位置，接通平台主电源，如图 2-3 所示。

（5）将工业机器人电源开关旋至"ON"位置，接通工业机器人主电源，如图 2-4 所示。

（6）将气泵开关向上拉起，气泵上电，如图 2-5 所示。

图 2-3　平台主电源　　　图 2-4　工业机器人主电源　　　图 2-5　气泵上电

　　（7）将气泵阀门旋至与气管方向平行时打开阀门。

　　（8）示教器画面自动开启、工业机器人开机完成，控制柜电源开关上电 20 s 左右时间后，查看示教器状态，系统启动完成，如图 2-6 所示。

2. 工业机器人关机

工业机器人的正确关机步骤如图 2-7 所示，具体描述如下：

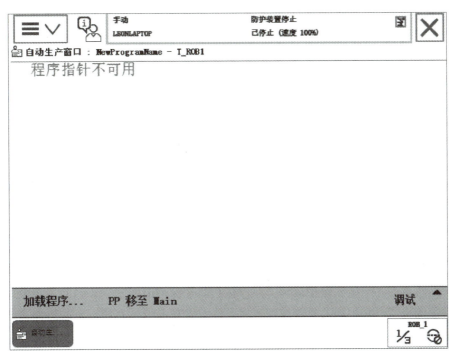

图 2-6　示教器开启画面

图 2-7　工业机器人的正确关机

（1）将工业机器人控制柜模式开关切换到手动操作模式。

（2）手动操作工业机器人返回到原点位置。

（3）按下示教器上的急停按钮。

（4）按下控制柜上的急停按钮。

（5）将示教器放置到指定位置。

（6）将控制柜上电源开关旋至"OFF"位置，关闭工业机器人主电源。

（7）将气泵供气阀门旋至与气管方向垂直一致，关闭阀门。

（8）将气泵开关向下按下，气泵断电。

（9）将控制台上主电源开关旋至"0"位置，关闭主电源。

（10）整理工业机器人系统周边设备、电缆、工件等物品。

3. 紧急停止按钮

紧急停止按钮，简称急停按钮。当发生紧急情况时用户可以通过快速按下此按钮来达到保护的目的。

在工厂的一些大中型机器设备或者电器上都可以看到醒目的红色按钮。标准情况下会标示与紧急停止含义相同的红色字体。这种按钮可统称为急停按钮，此按钮只需直接向下按下，就可以快速地让整台设备立马停止或释放一些传动部位。想再次启动设备必须释放此按钮，一般只需顺时针方向旋转大约45°后松开，按下的部分就会弹起，也就是释放。

由于工业安全要求，在发生异常情况时，凡是一些传动部位会直接或者间接地对人体产生伤害的机器都必须施加保护措施，急停按钮就是保护措施之一。因此，在设计一些带有传动部位的机器时必须加上急停按钮，而且要设置在人员可方便按下的机器表面，不能有任何遮挡物存在。

工业机器人作为工业领域能自动执行工作、靠自身动力和控制能力来实现各种功能的机器装置，为保证作业的安全，在系统中设置了3个紧急停止按钮（不包括外围设备的紧急停止按钮），分别是：

（1）工业机器人示教器上的紧急停止按钮；

（2）工业机器人控制柜上的紧急停止按钮；

（3）实训平台外部的紧急停止按钮。

如图2-8所示，按下任何一个紧急停止按钮，工业机器人立刻停止运动，当工业机器人在工作中出现下列情况时，必须立即按下紧急停止按钮。

（1）工业机器人作业时，机器人工作区域内有工作人员；

（2）工业机器人作业时伤害了工作人员或损伤了周边设备。

　（a）　　　　　　　　　（b）　　　　　　　　　（c）

图2-8　急停按钮

（a）控制器急停器；（b）示教器急停按钮；（c）控制柜急停按钮

按下紧急停止按钮后，工业机器人示教器画面会出现紧急停止报警，如图2-9所示。再次运行工业机器人前，必须先清除紧急停止及其报警。松开紧急停止按钮，按下控制柜操作面板上的伺服上电按钮，确认示教器状态栏中的报警信息消失。

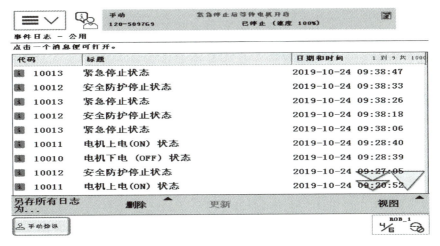

图 2-9　示教器报警画面

4. 穿戴安全护具

工业机器人应用编程人员需要按照要求正确、规范地穿戴安全护具，如图 2-10 所示，具体要求如下：

（1）佩戴工作帽，头发尽量不外露，长发者可将头发盘于帽内，需正确规范地扣紧帽绳，防止操作工业机器人时安全帽脱落，造成安全隐患。

（2）穿着合身的工作服，束紧领口、袖口和下摆，扣好纽扣，内侧衣物不外露。必要时系好安全带。

（3）不佩戴首饰，尤其是手指和腕部。

（4）裤管需束紧，不得翻边。

（5）尽量穿着劳保鞋，系紧鞋带。

（6）操作示教器时不能佩戴手套。

（7）根据工作现场要求佩戴口罩和防护眼镜等安全护具。

工业机器人
操作准备

图 2-10　规范穿戴安全护具

1—佩戴安全帽；2—扣紧帽绳；3—扣好纽扣；4—系好安全带；5—穿好劳保鞋

项目 2　工业机器人基本操作

2.2 示教器环境参数配置

1. 示教器语言设置

ABB 工业机器人示教器可以选择多种语言，用户可以依次单击"菜单键"（Manual）→"控制面板"（Control Panel）→"语言"（Language）对示教器语言进行设置。下面以将示教器语言修改为中文为例进行示教器语言设置。

（1）单击菜单键，然后选择"Control Panel"，如图 2-11 所示。不同语言下各菜单的位置不会发生变化。

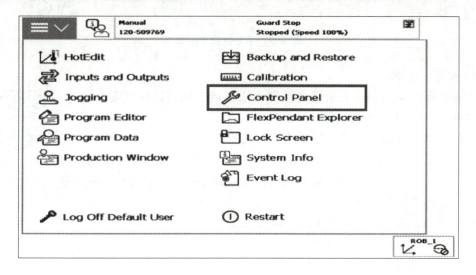

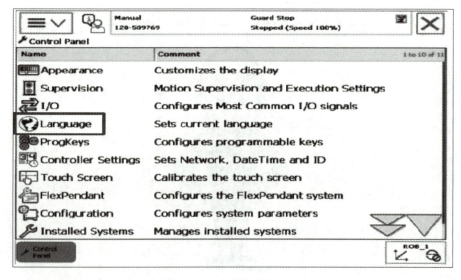

图 2-11　示教器语言设置

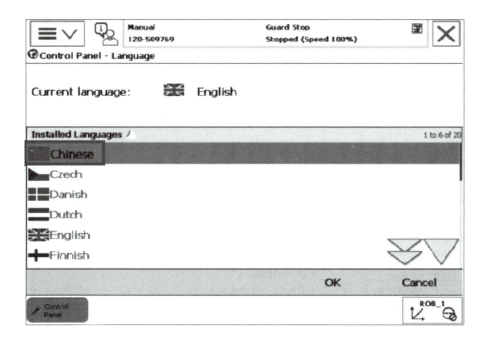

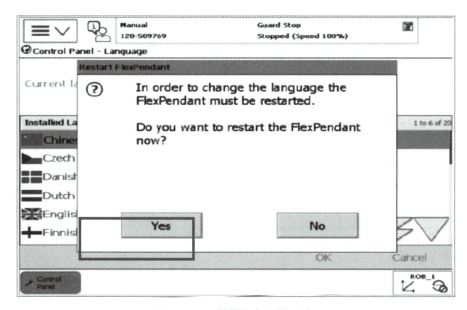

图 2-11 示教器语言设置（续）

（2）在"Control Panel"界面中选择"Language"，单击"OK"按钮。

（3）在"Language"界面中选择"Chinese"，单击"OK"按钮。

（4）然后根据系统提示单击"Yes"按钮，重启示教器，即可将示教器语言更改为中文模式。

2. 示教器时间设置

系统时间用于日志和备份等记录的时间描述，通常在出厂时已设定为准确时间，一般

情况下无须更改。如需修改可在示教器上完成设置，如图 2-12 所示。具体操作步骤如下：

（1）单击菜单键，然后选择"控制面板"，选中"控制器设置"，弹出"日期和时间"对话框。

（2）在"日期和时间"对话框中，"时区"设置为"China"和"Asia/Shanghai"。单击"年""月""日"等参数下方的"＋""－"按钮设置为当前实际时间，完成后单击"确定"按钮。

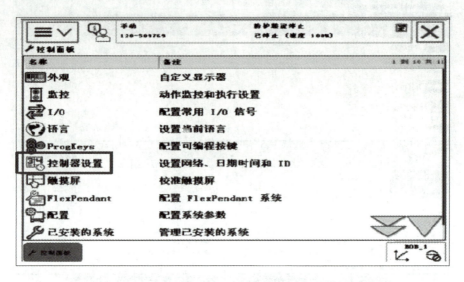

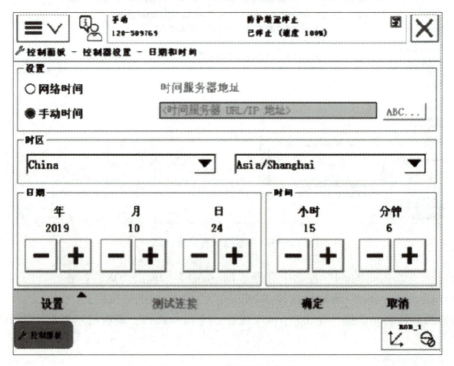

图 2-12　示教器时间设置

2.3　工业机器人手动操作

1. 单轴运动的手动操作

ABB 六关节工业机器人是由 6 个伺服电机分别驱动机器人的 6 个关节轴，那么每次手动操作一个关节轴的运动，就称为单轴运动，如图 2-13 所示。

手动关节
坐标系操作

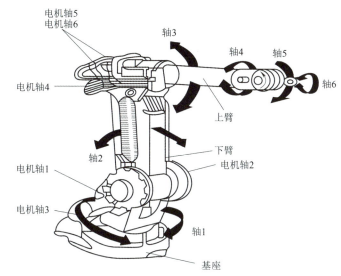

图 2-13　ABB 六关节工业机器人

工业机器人手动操作步骤如下：

（1）接通电源，将机器人状态钥匙切换到中间的手动位置。

（2）在状态栏中，确认机器人的状态已经切换到手动状态。在主菜单中选择"手动操纵"选项。

（3）单击"动作模式"选项。

（4）选择"轴 1-3"，单击"确定"按钮。

（5）按下使能按钮，进入电机开启状态，操作操作杆，相应的机器人 1、2、3 轴动作，操作操作杆幅度越大，机器人的动作速度越快。同样，选择"轴 4-6"操作操作杆，机器人 4、5、6 轴就会动作，其中"操作杆方向"窗口中的箭头和数字（1、2、3）代表各个轴运动时的正方向。

工业机器人手动操作步骤如图 2-14 所示。

2. 线性运动的手动操作

机器人的线性运动是指安装在机器人第六轴法兰盘上工具的 TCP（Tool Center Point，工具中心点）在空间中做直线运动。

（1）单击主菜单中的"手动操纵"选项，然后单击"动作模式"选项。

（2）选择"线性"，单击"确定"按钮。

（3）选择工具坐标 tool0（系统默认的工具坐标），电机开启。

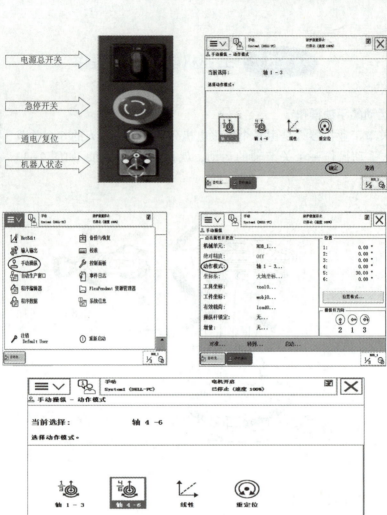

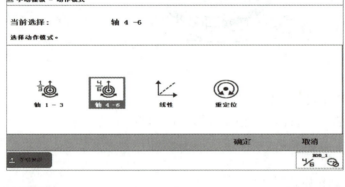

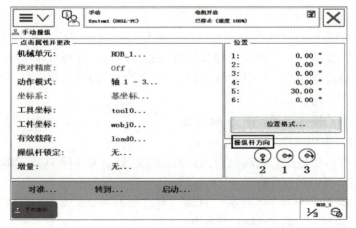

图 2-14　工业机器人手动操作步骤

（4）操作示教器的操作杆，工具坐标 TCP 在空间做线性运动，操作杆方向栏中的 X、Y、Z 的箭头方向代表各个坐标轴运动的正方向。

线性运动的手动操作如图 2-15 所示。

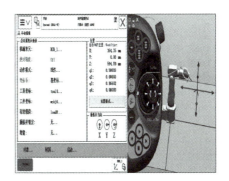

图 2-15　线性运动的手动操作

3. 重定位运动的手动操作

机器人的重定位运动是指机器人第六轴法兰盘上的工具 TCP 在空间中绕着坐标轴旋转的运动，也可理解为机器人绕着工具 TCP 做姿态调整的运动。重定位手动操作一般用于工具坐标系的校验，如图 2-16 所示。

（1）单击主菜单中的"手动操纵"选项，然后单击"动作模式"选项。

（2）选择"重定位"，单击"确定"按钮。

（3）单击"坐标系"选项。

（4）选择"工具"，单击"确定"按钮。

（5）按下使能按钮，进入电机开启状态，并在状态栏中确认。

（6）操作示教器的操作杆，使机器人绕着工具 TCP 做姿态调整的运动，操作杆方向栏中的 X、Y、Z 的箭头方向代表各个坐标轴运动的正方向。

4. 建立基本 RAPID 程序

如图 2-17 所示，建立基本 RAPID 程序步骤如下：

（1）确定工作要求。编写一个从 p10 点运动到 p20 点的小程序。

（2）选择"程序编辑器"。

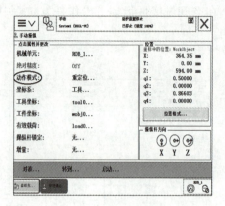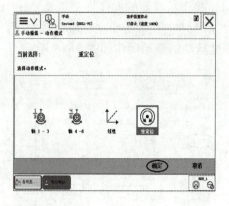

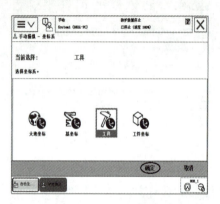

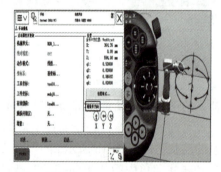

图 2-16　重定位运动的手动操作

（3）单击"取消"按钮。

（4）打开文件菜单，选择"新建模块"选项。

（5）单击"是"按钮确定。

（6）定义程序模块的名称"Module1"，单击"确定"按钮。

（7）选择"Module1"，单击"显示模块"。

（8）单击"例行程序"选项卡。

（9）打开文件，单击"新建例行程序"选项。

（10）建立一个程序"main"，单击"确定"按钮。

图 2-17　建立基本 RAPID 程序

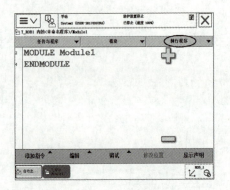

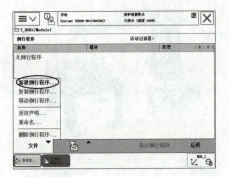

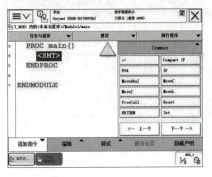

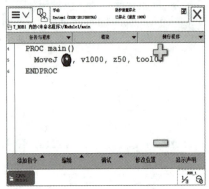

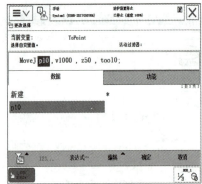

图 2-17　建立基本 RAPID 程序（续）

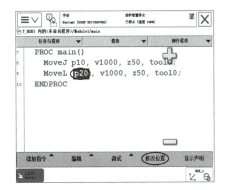

图 2-17 建立基本 RAPID 程序（续）

（11）回到"程序编辑器"菜单，单击"添加指令"选项，打开指令列表。选择"<SMT>"为插入程序的位置，在指令列表中选择"MoveJ"，在指令列表中选择相应的指令进行编程。

（12）双击" * "号，进入参数修改界面。

（13）通过新建或选择对应的参数数据，设定为图中所示的值。

（14）选择合适的动作模式，使用操作杆将机器人运动到图中所示位置，作为机器人的 p10 点。

（15）选择"p10"，单击"修改位置"，将机器人的位置记录到 p10 中。

（16）单击"修改"按钮进行位置确认。

（17）添加"MoveL"指令，并将参数设定为图中所示的值。

（18）选择合适的动作模式，使用操作杆将机器人运动到图中所示位置，作为机器人的 p20 点。

（19）选择"p20"点，单击"修改位置"，将机器人的当前位置记录到 p20 中。

2.4 快换工具切换

（一）可编程按键

ABB 工业机器人示教器上有 4 个可编程按键，分别为按键 1、按键 2、按键 3 和按键

4，如图 2-18 所示，给可编程按键分配控制的 I/O 信号，将数字信号与系统的控制信号关联起来，便可通过按键进行强制控制操作。由操作者自定义输入/输出等功能，实现模拟外围的信号输入或者对信号进行强制输出，提高工作效率。

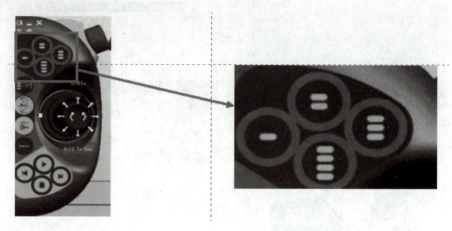

图 2-18　示教器 4 个可编程按键

可编程按键可以配置成"输入""输出"和"系统"，如图 2-19 所示。将按键类型配置成"输入"，按下按键 1，则与之关联的输入信号置为"1"，将按键类型配置成"系统"时，可选择将程序指针重新定位到 Main 函数。将按键类型选择配置成"输出"时，与数字输出信号关联后，按键 1 有五种动作，分别为"切换""设为 1""设为 0""按下/松开""脉冲"。

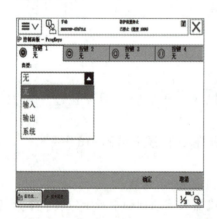

图 2-19　配置成"输入""输出"和"系统"

切换：按下按键后，数字输出信号的值在 0 和 1 之间切换；

设为 1：按下按键后，数字输出信号的值被置为 1，相当于置位；

设为 0：按下按键后，数字输出信号的值被置为 0，相当于复位；

按下/松开：按下按键后，数字输出信号的值被置为 1，松开按键后，值被置为 0；

脉冲：按下按键的上升沿，数字输出信号的值被置为 1。

本任务中已将可编程按键 1 选择类型配置成"输出"，按下按键选择为"切换"，与启动/关闭激光笔的信号关联，按下按键1则打开激光笔，发射红色光束，再次按下按键1则关闭激光笔。

（二）加载和运行程序

加载并运行给定的激光切割程序，认识机器人程序编辑器界面，掌握工业机器人运行模式，熟悉程序指令的参数，并能根据任务要求，修改指令的位置参数。

1. 程序指针

在 ABB 机器人的程序编辑器界面，程序指针（PP）以箭头形式显示在程序行序号位置。光标在程序编辑器中的程序代码处以蓝色突出显示，可显示一行完整的指令或一个变元，如图 2-20 所示。

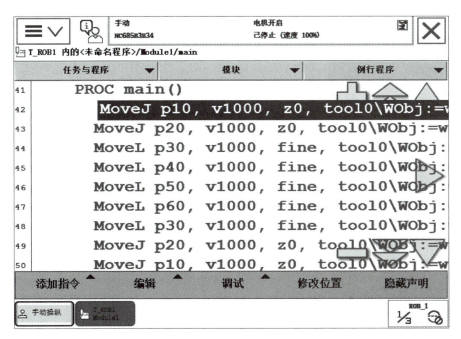

图 2-20　程序编辑器界面

无论使用哪种方式启动，程序都将从"程序指针（PP）"位置执行。因此，启动程序前，需要将程序指针指向需要启动的程序行。

程序启动并非每次都从首行开始，根据实际情况可能从中间开始，因此，系统提供了多种指定程序指针位置的方法。

ABB 机器人系统有三种方式设置程序指针，分别是"PP 移至 Main""PP 移至光标"和"PP 移至例行程序"，如图 2-21 所示。

（1）PP 移至 Main。机器人程序与计算机程序类似，都有一个程序开始入口。在系统中，这个程序入口为"例行程序 Main"的首行。因此，"PP 移至 Main"就相当于将程序指针位置设为首行。只是这个"首行"是逻辑上的，对应程序行的序号不是"1"。

（2）PP 移至光标。先选中需要设置的程序指针使其高亮显示，然后单击"PP 移至光标"使程序指针移动到光标所在程序行。

（3）PP 移至例行程序。如果需要从其他例行程序启动，单击"PP 移至例行程序"

图 2-21　三种方式设置程序指针

进入例行程序选择指定启动的程序，然后再使用"PP 移至光标"功能指定程序指针位置。

2. 运行模式

工业机器人的运行模式有手动运行、自动运行、外部自动运行三种方式。通常应根据需要选择机器人的运行方式。

（1）手动运行。在操作工业机器人到达任务所需要的位置时，需使用手动运行操作机器人。在执行程序自动运行前，也需要使用手动运行，进行程序的调试。手动运行主要包括以下两部分：

①示教/编程。

②在手动运行模式下测试、调试程序。

（2）自动运行。自动运行用于不带上级控制系统（PLC）的工业机器人，程序执行时的速度等于编程设定的速度，并且手动无法运行工业机器人。通常情况按下系统启动按钮后，工业机器人开始连续执行程序，直至程序运行完成。

（3）外部自动运行。外部自动运行用于带上级控制系统（PLC）的工业机器人，程序执行时的速度等于编程设定的速度，并且手动无法运行工业机器人。通常情况按下系统外部启动按钮后，工业机器人开始连续执行程序，直至程序运行完成。

自动运行模式和外部自动运行模式均必须配备安全、防护装置，而且它们的功能必须正常，所有人员应位于由防护装置隔离的区域之外方能运行程序。

3. 编制快换工具切换程序

MoveL p10，v500，fine，tool1；//工业机器人以直线运动方式到达圆弧起始点

MoveC p20，p30，v500，z20，tool1；//工业机器人以 p10→p20→p30 运行圆弧轨迹

MoveC p40，p1，v500，fine，tool1；//工业机器人以 p30→p40→p10 运行圆弧轨迹

2.5 手动关节坐标系

通过手动关节坐标系操作可以认识工业机器人各个关节，也是进行工业机器人机械零点归位的必要操作。手动关节坐标系操作主要包括以下内容：

（1）掌握关节坐标系的基本概念。

（2）认识示教器的基本组成。

（3）设置示教器手动关节坐标系操作的基本条件。

（4）手动操作示教器，将工业机器人关节移动到表中所指角度。

机器人坐标系：坐标系是为确定机器人的位置和姿态而在机器人或其他空间上设定的位姿指标系统。

工业机器人上的坐标系包括六种：大地坐标系（World Coordinate System）、基坐标系（Base Coordinate System）、关节坐标系（Joint Coordinate System）、工具坐标系（Tool Coordinate System）、工件坐标系（WorkObject Coordinate System）、用户坐标系（User Coordinate System）。

工业机器人关节坐标系用来描述机器人每一个独立关节的运动，每一个关节具有一个自由度，一般由一个伺服电机控制，如图 2-22 所示。

轴数	指定角度
轴 1	90°
轴 2	−30°
轴 3	30°
轴 4	0°
轴 5	90°
轴 6	0°

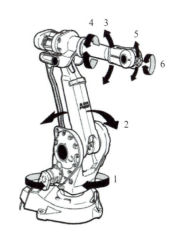

图 2-22 手动关节坐标系

机器人的关节与 0°刻度标记位置对齐时，为该关节的 0°位置，仔细观察机器人每个关节，均有 0°刻度标记位置。

关节坐标系的表示方法：

P =（J1，J2，J3，J4，J5，J6）

J1、J2、J3、J4、J5、J6 分别表示 6 个关节的角度位置，单位为度（°）。此处需要说明的是，6 个关节的角度并非都是 0°~360°，不同的机器人型号，每个关节的运动范围是一定的，可以参考相关型号机器人的参数。

工业机器人原点位置一般定义为关节坐标系，原点位置为：P_1 =（0°，0°，0°，0°，

90°，0°）。为了让工业机器人重心居中，机器人原点位置也可以定义为：P_2 ＝（0°，−20°，20°，0°，90°，0°），P_1 和 P_2 原点位置示意图如图 2−23 所示。

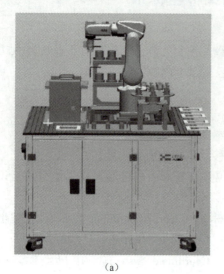
（a）

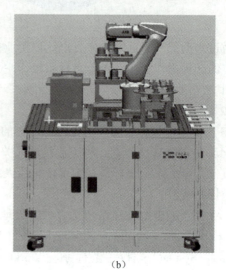
（b）

图 2−23　原点位置示意图

（a）P_1 原点位置；（b）P_2 原点位置

　　"手动操纵"界面是手动模式下动作参数及状态的设定、显示窗口，如图 2−24 所示。在"手动操纵"界面左侧为动作参数设定。可在"动作模式"栏切换动作模式。工业机器人系统关节动作模式分为"轴 1-3"和"轴 4-6"两种模式。"轴 1-3"模式下，操作者可以通过操作杆控制工业机器人轴 1、2、3 的运动；"轴 4-6"模式下，操作者可以通过操作杆控制工业机器人轴 4、5、6 的运动。

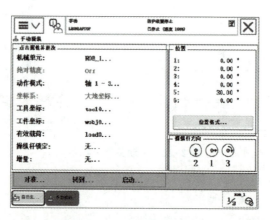

图 2−24　"手动操纵"界面

　　"手动操纵"界面右上方"位置"栏显示当前各轴角度，按照 1~6 轴的顺序排列。右下方为轴动作方向指示，箭头方向为正方向。

　　如图 2−25 所示，手动关节坐标系操作准备如下：

　　（1）工业机器人开机完成后，将控制柜模式开关打到手动模式。

（2）操作者手持示教器，按住使能按键，直到示教器状态栏显示"电机开启"。

（3）单击示教器显示屏左上角菜单按钮打开主菜单，选中"手动操纵"栏进入界面。

（4）确认动作模式为"轴1-3"。

（5）更改动作模式，选中"动作模式"栏进入动作模式设定窗口，根据需要选择动作模式，完成后单击"确定"按钮保存退出。

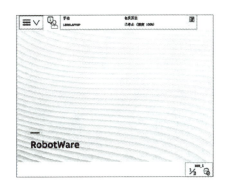 

 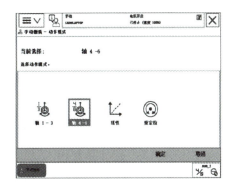

图 2-25　手动关节坐标系操作准备

如图 2-26 所示，手动关节坐标系操作步骤如下：

（1）摇动操作杆，分别将工业机器人的轴 1、2、3 移动到 90°、-30°、30°。

（2）查看机器人位姿状态，图 2-26 右上图所示为工业机器人的轴 1、2、3 移动到 90°、-30°、30°时的姿态。

（3）将动作模式切换为"轴4-6"，查看 4~6 轴的动作方向。

（4）操作操作杆，分别将工业机器人的轴 4、5、6 移动到 0°、90°、0°。图 2-26 右下图所示为工业机器人的轴 4、5、6 移动到 0°、90°、0°姿态。

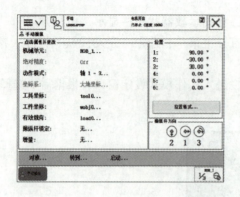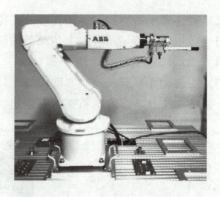

图 2-26　手动关节坐标系操作步骤

2.6　手动大地坐标系

手动大地
坐标系操作

工业机器人现场示教编程时，通常采用手动大地坐标系操作，通过 X、Y、Z 轴的正负移动，将工业机器人末端工具移动到目标位置进行现场示教。手动大地坐标系操作任务包括以下内容：

（1）将"动作模式"设为"线性"。

（2）将"坐标系"设为"基坐标系"，"工具坐标"选择默认的"tool0"，"工件坐标"选择默认的"wobj0"。

（3）工业机器人运行速度的设定。

（4）线性模式下手动操作工业机器人，将工业机器人移动到表 2-1 所示指定空间位置。

表 2-1　线性模式下各轴参数

轴数	指定角度/mm
X	240.0
Y	120.0
Z	540.0

大地坐标系：大地坐标系是系统的绝对坐标系，是工业机器人插补动作的基准，其余所有的坐标系都是在它的基础上变换得到的。大地坐标系如图 2-27 所示，坐标轴方向满足右手法则，手指指向为正方向。

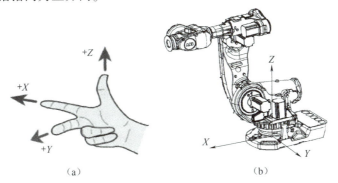

（a）　　　　　　　　　　（b）

图 2-27　大地坐标系

（a）右手法则；（b）大地坐标系

工业机器人运行速度可分为两部分，即全局速度及微动增量速度。

全局速度对应工业机器人的运动速度上限，手动/自动模式下均有效，只是在不同模式下的上限速度不同。全局速度在示教器界面的上方显示，单击如图 2-28 所示的右下角图标，显示出工业机器人当前全局速度为 80%。全局速度的设置界面如图 2-29 所示。

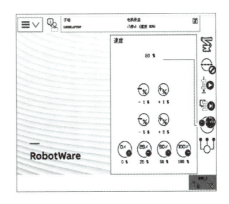

图 2-28　全局速度　　　　　　　图 2-29　全局速度的设置界面

动作模式快捷按键：除了在"手动操纵"界面下的动作模式设定，还可以使用示教器上的快捷按键切换动作模式。图 2-30（a）的按键可实现坐标系动作模式下线性与重定位动作的切换，图 2-30（b）的按键可实现关节动作模式下 1~3 轴与 4~6 轴的切换。

（a）　　　　　　　　　　（b）

图 2-30　动作模式快捷按键

　　如果当前动作模式与按下的按键不一致，则会切换到对应按键的默认工作模式。例如在关节动作模式下按下坐标系动作按钮则切换为线性动作模式，反之则切换为"轴 1-3"动作模式。

　　工业机器人系统当前动作模式可以在示教器的右下角查看，如表 2-2 所示。

表 2-2　工业机器人的动作模式

状态图示	代表的动作模式
 ROB_1 ¹⁄₃	轴 1-3
 ROB_1 ⁴⁄₆	轴 4-6
 ROB_1	线性
 ROB_1	重定位

　　如图 2-31 所示，手动大地坐标系操作准备如下：

　　（1）工业机器人开机完成后，将控制柜模式开关打到手动模式。

　　（2）打开示教器的"手动操纵"界面。"工具坐标"选择默认的"tool0"，"工件坐标"选择默认的"wobj0"。

　　（3）将"动作模式"切换为"线性"。

　　（4）单击"坐标系"栏"基坐标系"位置进入坐标系设定窗口，选择"大地坐标系"，完成后单击"确定"按钮保存并退出。

　　（5）单击示教器屏幕右下角的"快速设置"按钮，在弹出的菜单中单击"速度设置"按钮。

　　（6）先单击"25%"，再单击"-5%"，将全局速度设为"20%"。

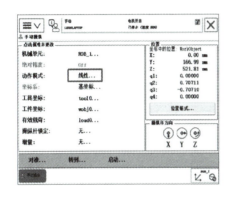

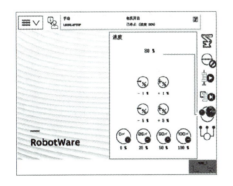
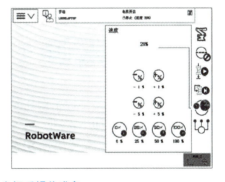

图 2-31　手动大地坐标系操作准备

如图 2-32 所示，手动大地坐标系操作步骤如下：

（1）使用操作杆移动工业机器人，在大地坐标系下分别沿 X、Y、Z 轴方向运动，使工业机器人当前位置的值接近 240 mm、120 mm、540 mm，此时工业机器人姿态如图 2-32 右上图所示。

（2）将微动增量速度设为"小"。

（3）再次操作操作杆沿 X、Y、Z 轴方向运动，使工业机器人当前位置各轴的值精确到 240.00 mm、120.00 mm、540.00 mm。

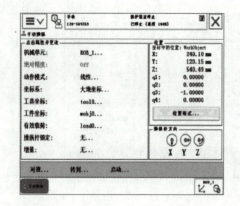

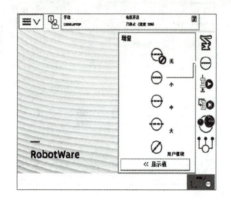
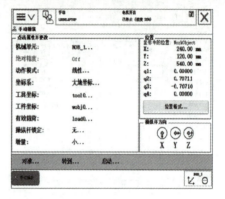

图 2-32　手动大地坐标系操作步骤

2.7　手动工具坐标系操作

手动工具
坐标系操作

　　手动工具坐标系操作是工业机器人的基础操作，手动工具坐标系操作的主要内容如下：

　　（1）选择调用给定的工具坐标系；

　　（2）在线性和重定位模式下，手动操作工业机器人，将绘图笔插入笔筒。

　　工具坐标系定义工业机器人末端执行工具的中心点和工具的姿态，该坐标系必须事先由用户进行设定。工具坐标系没有定义时，采用默认的工具坐标系，默认工具坐标系是工业机器人末端法兰坐标系，工具坐标系如图 2-33 所示。

　　每个工具都应该有对应的工具坐标系，使用不同的工具应该切换到相应的工具坐标系下，否则在工具坐标系手动操作工业机器人时，工业机器人的轨迹将难以预测。

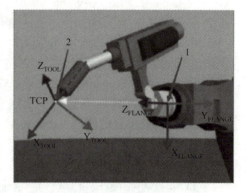

图 2-33　工具坐标系

工具坐标系的线性与重定位动作与在大地坐标系下类似，但由于工具坐标系与大地坐标系的差异，其动作方式也有区别。

工具坐标系下的重定位动作的旋转中心为定义工具的末端点，利用此特性可用于调整工具或工业机器人的姿态。

工具坐标系下的线性动作方式与大地坐标系相同，都是沿 X、Y、Z 轴方向动作。由于工具坐标系的原点即为末端点，坐标轴方向随工具姿态变化而发生变化。通常利用其 Z 轴与进给方向一致的特性实现工具进给与缩回的动作，如图 2-34 所示。

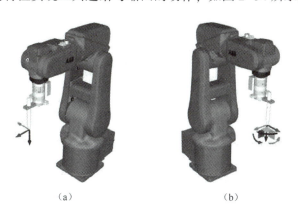

（a） （b）

图 2-34 工具坐标系下的动作特性

（a）工具坐标系线性动作；（b）工具坐标系重定位动作

坐标系快速切换界面如图 2-35 所示。

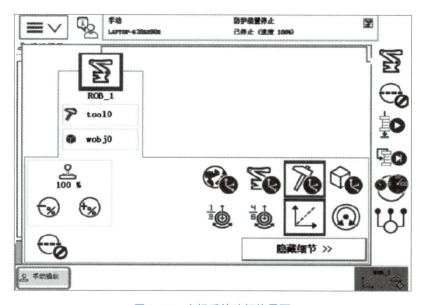

图 2-35 坐标系快速切换界面

坐标系快速切换常用的图标及其功能如表 2-3 所示。

表 2-3　坐标系快速切换常用的图标及其功能

图标	功能	图标	功能
⊙	动作模式：轴 1-3	🌏	坐标系：大地坐标系
⊙	动作模式：轴 4-6	⚡	坐标系：基坐标系
↗	动作模式：线性	🔨	坐标系：工具坐标系
⟳	动作模式：重定位	⬛	坐标系：工件坐标系

坐标系快速切换设置：

（1）打开坐标系快速切换界面，单击"显示详情"展开设置菜单。

（2）在坐标系快速切换界面中，"动作模式"选择"重定位"，"坐标系"选择"工具坐标系"。

（3）选择工具"huitubi"，如图 2-36 所示。工具"ToolPen"已经标定完成，且预置在工业机器人系统中。

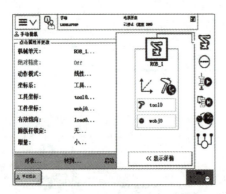
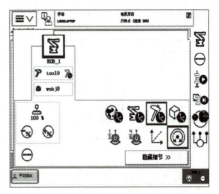

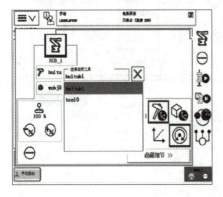

图 2-36　坐标系快速切换设置

手动工具坐标系操作步骤如下：

（1）使用关节动作模式将工业机器人调整到各轴角度为 0°、−30°、30°、0°、90°、0° 位置。

（2）手动操作工业机器人使用重定位功能，将绘图笔近似对齐笔筒开口。

（3）将"动作模式"切换为"线性"，"坐标系"切换为"大地坐标系"。手动操作工业机器人以线性方式移动，使绘图笔以近似对齐笔筒的姿态靠近开口位置。

（4）再次将"坐标系"切换到"工具坐标系"，并在重定位动作模式下，调整绘图笔工具的姿态，使绘图笔的笔杆方向和笔筒的中心轴线方向保持平行。

（5）将动作模式切换到线性动作，单独使用 Z 轴动作，将绘图笔工具插入笔筒，如图 2-37 所示。

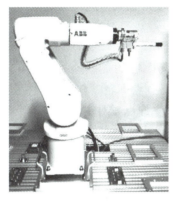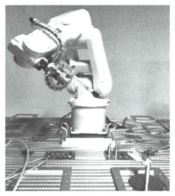
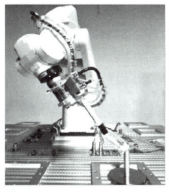
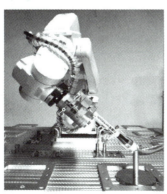

图 2-37　手动工具坐标系操作步骤

2.8　工具数据 tooldata 的建立

工具数据 tooldata 用于描述安装在机器人第六轴上的工具的 TCP、质量、重心等参数数据。

工业机器人工具坐标系的标定是指将工具中心点（TCP）的位置和姿态传输给机器人，指出它与机器人末端关节坐标系的关系。目前，机器人工具坐标系的标定方法主要有外部基准标定法和多点标定法。

1. 外部基准标定法

只需将工具对准某一测定好的外部基准点，便可完成标定，标定过程快捷简便；但这类标定方法依赖机器人外部基准。

2. 多点标定法

大多数工业机器人都具备工具坐标系多点标定功能。这类标定包含工具中心点（TCP）位置多点坐标和工具坐标系（TCF）姿态多点标定。TCP 位置标定是使几个标定点 TCP 位置重合，从而计算出 TCP，即工具坐标系原点相对于末端关节坐标系的位置，如 4 点法；而 TCF 姿态标定是使几个标定点之间具有特殊的方位关系，从而计算出工具坐标系相对于末端关节坐标系的姿态。

6 点法标定的步骤：

（1）在机器人动作范围内找一个非常精确的固定点作为参考点。

（2）在工具上确定一个参考点（最好是工具中心点 TCP）。

（3）按手动操作机器人的方法移动工具参考点，以四种不同的工具姿态尽可能与固定点刚好碰上。第四点是用工具的参考点垂坠于固定点，第五点是工具参考点从固定点向将要设定的 TCP 的 X 方向移动，第六点是工具参考点从固定点向将要设定的 TCP 的 Z 方向移动，如图 2-38 所示。

（4）机器人控制器通过前 4 个点的位置数据即可算出 TCP 的位置，通过后 2 个点即可确定 TCP 的姿态。

（5）根据实际情况设定工具的质量和重心位置数据，如图 2-38 所示。

 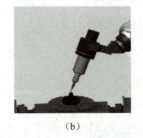 

（a）　　　　　　　　　　（b）　　　　　　　　　　（c）

图 2-38　6 点法标定的步骤

（a）位置点 1；（b）位置点 2；（c）位置点 3

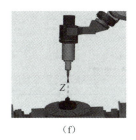

（d）　　　　　　　　　（e）　　　　　　　　　（f）

图 2-38　6 点法标定的步骤（续）

（d）位置点 4；（e）沿 X 轴方向移动；（f）沿 Z 轴方向移动

2.9　工件坐标 wobjdata 的建立

工件坐标 wobjdata 是工件相对于大地坐标或其他坐标的位置。工业机器人可以拥有若干工件坐标，或者表示不同工件，或者表示同一工件在不同位置的若干副本。工业机器人进行编程时就是在工件坐标中创建目标和路径。利用工件坐标进行编程，重新定位工作站中的工件时，只需要更改工件坐标的位置，所有路径将随之更新。

在对象的平面上只需要定义 3 个点，就可以建立一个工件坐标，如图 2-39 所示。X_1 点确定工件坐标的原点；X_1、X_2 点确定工件坐标 X 正方向；Y_1 确定工件坐标 Y 的正方向。

图 2-39　建立一个工件坐标

有效载荷 loaddata 的设定如图 2-40 所示。

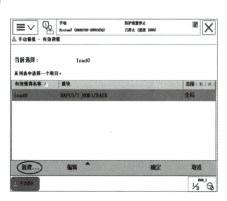

图 2-40　有效载荷 loaddata 的设定

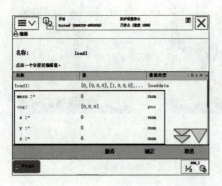 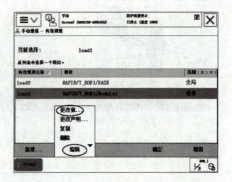

图 2-40 有效载荷 loaddata 的设定（续）

（1）单击"有效载荷"选项。

（2）单击"新建……"按钮。

（3）单击"更改值……"命令。

（4）对程序数据进行以下设定，各参数代表的含义如表 2-4 所示。

表 2-4 各参数代表的含义

名称	参数	单位
有效载荷质量	load. mass	kg
有效载荷重心	load. cog. x load. cog. y load. cog. z	mm
力矩轴方向	load. aom. q_1 load. aom. q_2 load. aom. q_3	
有效载荷的转动惯量	i_x i_y i_z	kg·m^2

任务实施

（1）编写工业机器人工具切换的程序。分组进行 ABB 工业机器人工具切换的编程，三级评价（自评、互评和师评）后找出不足，总结并记录。

（2）对工业机器人工具切换程序进行示教。

（3）创建并保存程序的操作步骤。

Step1：在"任务与程序"窗口单击"文件"按钮，选择"新建程序"选项，如图 2-41 所示。

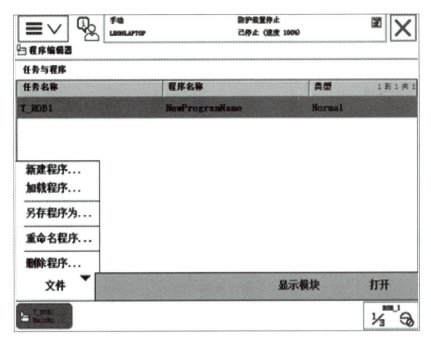

图 2-41　新建程序界面

Step2：在弹出的窗口中单击"不保存"按钮，新程序创建完成，如图 2-42 所示。

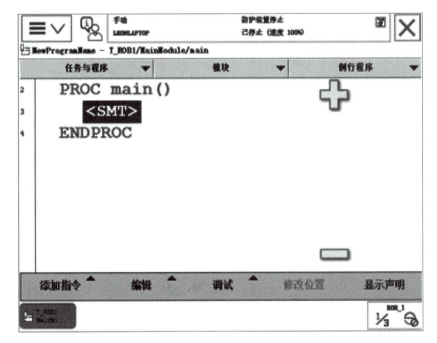

图 2-42　新程序创建完成界面

Step3：再次打开"任务与程序"界面，单击"文件"按钮，选择"另存程序为"选项，在弹出的系统提示窗口单击"确定"按钮，如图2-43所示。

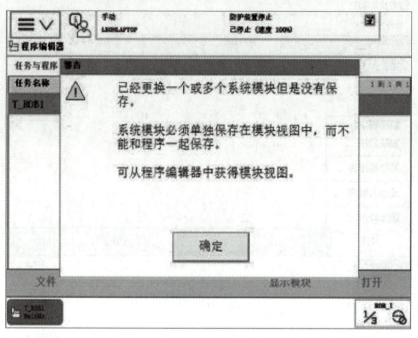

图 2-43　系统提示窗口

Step4：单击"主页"按钮，输入程序名称为"L1P2P1"，单击"确定"按钮，如图 2-44 所示。

图 2-44　新建程序 L1P2P1 界面

Step5：在"任务与程序"界面，单击"显示模块"，进入模块界面，如图 2-45 所示。

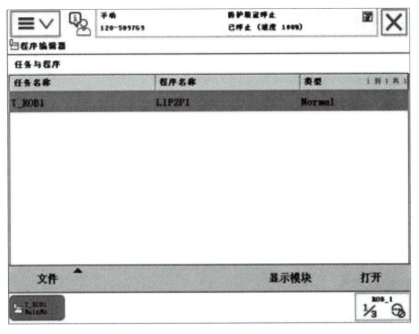

图 2-45　模块界面

Step6：在"模块"界面，选中"程序模块"，单击"显示模块"进入程序编辑器，如图 2-46 所示。

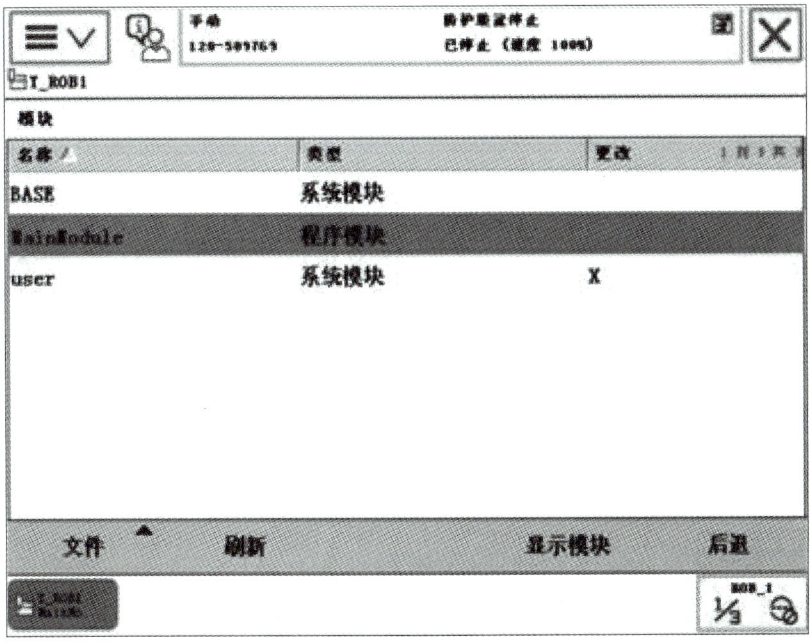

图 2-46　程序模块界面

评价与总结

根据任务完成情况，填写评价表，如表2-5所示。

表2-5 任务评价表

任务：工业机器人基本操作			实习日期：				
姓名：		班级：		学号：			
自评：□熟练 □不熟练		互评：□熟练 □不熟练		师评：□合格 □不合格		导师签字：	
日期：		日期：		日期：		日期：	
序号	评分项	得分条件	配分	评分要求	自评	互评	师评
1	认知能力	作业1：示教器的认识和使用 □1. 能正确指认连接电缆 □2. 能正确指认复位按钮 □3. 能正确指认急停开关 □4. 能正确指认使能器按钮 □5. 能正确指认触摸屏 □6. 能正确指认快捷键单元 □7. 能正确指认手动操纵杆 □8. 能正确指认 USB 接口 作业2：手动操作 □1. 能正确操作单轴运动 □2. 能正确操作线性运动 □3. 能正确操作重定位运动 作业3：快换工具切换的编程与示教 □1. 能正确操作手动运行 □2. 能正确操作自动运行 □3. 能正确操作外部自动运行	65	未完成1项扣4.5分，扣分不得超过65分	□熟练 □不熟练	□熟练 □不熟练	□合格 □不合格
2	叙述能力	□1. 能正确叙述加载和运行程序 □2. 能正确叙述和编写运动指令	20	未完成1项扣10分，扣分不得超过20分	□熟练 □不熟练	□熟练 □不熟练	□合格 □不合格
3	资料、信息查询能力	□1. 能正确使用维修手册查询资料 □2. 能正确使用用户手册查询资料	10	未完成1项扣5分，扣分不得超过10分	□熟练 □不熟练	□熟练 □不熟练	□合格 □不合格
4	表单填写与报告的撰写能力	□1. 字迹清晰 □2. 语句通顺 □3. 无错别字 □4. 无涂改 □5. 无抄袭	5	未完成1项扣1分，扣分不得超过5分	□熟练 □不熟练	□熟练 □不熟练	□合格 □不合格
	总分						

拓展练习

一、填空题

1. ABB 工业机器人示教器可以选择多种语言，用户可以依次单击"菜单键"（Manual）→"语言"（Language）对示教器语言进行设置。

2. _____是人与工业机器人交互的平台，用于执行与操作工业机器人系统有关的许多任务。

3. 工业机器人示教器可以完成多个任务，主要包括_____、运行程序、修改程序、_____、_____、监控工业机器人状态等。

4. 工业机器人操作时通常是_____手持示教器，_____手进行操作。

5. 操作杆可以进行_____、_____、_____、_____等操作，共 10 个方向。斜角操作相当于相邻的两个方向的合成动作。

6. _____是为确定机器人的位置和姿态而在机器人或其他空间上设定的位姿指标系统。工业机器人上的坐标系包括六种：_____、_____、_____、_____、_____、_____。

7. 工业机器人_____坐标系用来描述机器人每一个独立关节的运动，每一个关节具有一个自由度，一般由一个伺服电机控制。

二、选择题

1. （　　）为当发生紧急情况时用户可以通过快速按下此按钮来达到保护的目的。

A. 空气开关　　　　B. 急停按钮　　　　C. 启动按钮　　　　D. 停止按钮

2. 工业机器人作为工业领域能自动执行工作、靠自身动力和控制能力来实现各种功能的机器装置，为保证作业的安全，在系统中设置了（　　）个紧急停止按钮。

A. 4　　　　　　　　B. 3　　　　　　　　C. 2　　　　　　　　D. 1

三、简答题

简述工业机器人的正确开机步骤。

任务　常用编程指令

任务描述

RAPID 程序包含一连串控制机器人的指令，执行这些指令可以实现需要的操作。应用程序是使用称为 RAPID 编程语言的特定词汇和语法编写而成。RAPID 是一种英文编程语言，所包含的指令可以移动机器人、设置输出、读取输入，还能实现决策、重复其他指令、构造程序、与系统操作员交流等。

任务目标

1. 掌握 RAPID 程序指令；
2. 了解 RAPID 程序指令功能。

知识准备

RAPID 是一种高级程序设计语言，它主要用于控制 ABB 工业机器人，是由 ABB 在 1994 年和 S4 控制系统一起引进的，取代了 ARLA 编程语言。

不同公司用的工业机器人的编程语言是不一样的，比如在机械臂领域实力较强的 ABB 公司用的是 RAPID 语言，工业机器人编程语言还有 VAL3、AS 等。

ABB 是全球领先的工业机器人技术供应商，提供机器人产品、模块化制造单元及服务，致力于帮助客户提高生产效率、改善产品质量、提升安全水平。ABB 所采用的机器人编程语言叫 RAPID。

RAPID 程序指令与功能简述

（一）Frog. Flow（程序执行的控制）

1. 程序的调用

程序的调用如表 3-1 所示。

表 3-1　程序调用说明

指　　令	说　　明
ProcCall	调用例行程序

续表

指　　令	说　　明
CallByVar	通过带变量的例行程序名称调用例行程序
RETURN	返回原例行程序

（1）ProcCall：调用例行程序。

ProcCall 指令用于将程序执行转移至另一个无返回值程序。当执行完成无返回值程序后，程序执行将继续过程调用后的指令。

通常有可能将一系列参数发送至新的无返回值程序。无返回值程序的参数必须符合以下条件：

①必须包括所有的强制参数。

②必须以相同的顺序进行放置。

③必须采用相同的数据类型。

④必须采用有关于访问模式（输入、变量或永久数据对象）的正确类型。

程序可相互调用，并可反过来调用另一个程序；程序也可自我调用，即递归调用。允许的程序等级取决于参数数量，通常允许 10 级以上。

实例：

```
MoveJ p10, v1000, z50, tool0;
   Routine1;
   MoveJ p20, v1000, z50, tool0;
```

以上程序实例中，"MoveJ p10"程序行执行完成后，调用"Routine1"无返回值程序并执行。待"Routine1"程序执行完成后，继续执行"MoveJ p20"程序行。

ProcCall 指令并不显示在程序行内，只显示被调用的程序名称。

（2）RETURN：返回原例行程序。

```
   RETURN [Return value];
[Return value]: 返回时间值。 (all)
```

当前指令如果使用参变量，只用于机器人函数例行程序内，经过运行返回相应的值；通常情况下，在不使用参变量情况下，机器人运行至此指令时，无论是主程序 main、标准例行程序 PROC、中断例行程序 TRAP、故障处理程序 errorhandler，都代表当前例行程序结束。

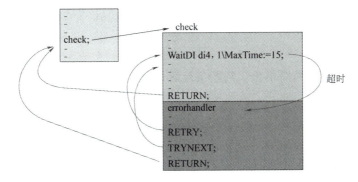

实例：

```
PROC rPick()
  ...
RETURN;
  ...    →永远不可能被运行。
ENDPROC
FUNC num abs_value(num value)
IF value<0 THEN
  RETURN -value;
ELSE
  RETURN value;
ENDIF
ENDFUNC
```

2. 例行程序内的逻辑控制

例行程序内的逻辑控制指令及说明如表 3-2 所示。

表 3-2　例行程序内的逻辑控制指令及说明

指　　令	说　　明
Compact IF	如果条件满足，就执行下一条指令
IF	当满足不同的条件时，执行对应的程序
FOR	根据指定的次数，重复执行对应的程序
WHILE	如果条件满足，重复执行对应的程序
TEST	对一个变量进行判断，从而执行不同的程序
GOTO	跳转到例行程序内标签的位置
Lable	跳转标签

（1）Compact IF：如果条件满足，就执行下一条指令。

```
Compact IF 的语法：
IF Condition DO;
```

语法说明：判断 Condition 是否为 True，如果是 True，则进行后面 DO 的操作；如果为 False，则不进行后面的操作，程序指针指向下一个语句。

```
IF Condition ...
Condition: 判断条件。 (bool)
```

应用：

当前指令是指令 IF 的简单化，判断条件后只允许跟一句指令，如果有多句指令需要执行，必须采用指令 IF。

实例：

```
IF reg1>5 GOTO next;
IF counter>10 Set do1;
```

纵横交错式
码垛应用

（2）IF：当满足不同的条件时，执行对应的程序。

IF 指令是最常见的分支结构（选择结构），适用于有条件判断的场合，根据条件判断的结果来控制程序的流程。

IF 结构有 3 种类型，即单分支结构、双分支结构和多分支结构，如图 3-1 所示。

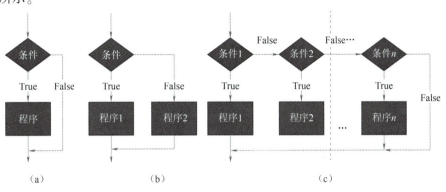

图 3-1　IF 结构类型

（a）单分支结构；（b）双分支结构；（c）多分支机构

①单分支结构。

IF 语句对条件进行一次判定，若判定为真，则执行后面的程序，否则跳过程序。

②双分支结构。

IF 语句对条件进行一次判定，若判定为真，则执行程序 1，否则执行程序 2。

③多分支结构。

IF 语句对条件 1 进行一次判定，若判定为真，则执行程序 1，程序 1 执行完成后执行条件 2 的判定，否则直接执行条件 2 的判定。以此类推，直到条件 n，则跳过程序（或执行程序 $n+1$）。

基于 IF 程序结构的特性，在设定判定条件时应考虑唯一性，例如条件 1 如果为 $n>4$，条件 2 为 $n>6$，那么当 ≥7 时，程序 1 和程序 2 都会被执行。一般情况下要避免这样的情况，但也有部分情况反而利用这样的特性。

实例：

```
IF reg1 > 5 THEN
Set do1;
Set do2;
ELSE
Reset do1;
Reset do2;
ENDIF
```

以上实例的程序执行效果为：判断 reg1 是否大于 5，设置或重置信号 do1 和 do2。

通过上述两种 IF 的语法总结，我们可以看到它们有以下不同：

①Compact IF 在 Condition 直接进行操作，而 IF 满足 Condition 后紧接着需要有个关键字 THEN，然后再操作。

项目 3　常用编程指令

②Compact IF 只有一句，只能根据 Condition 执行一个动作，而 IF 可以通过 Condition 进行跳转，选择满足条件的分支。

③Compact IF 不能实现指令的嵌套，而 IF 可以在各个分支中再添加 IF、TEST、WHILE、FOR 等语句进行嵌套。

（3）FOR：根据指定的次数，重复执行对应的程序。

①FOR 指令结构。

ABB 机器人系统中，FOR 是重复执行判断指令，一般用于重复执行特定次数的程序内容，FOR 指令结构如表 3-3 所示。

表 3-3　FOR 指令结构

选　　项	说　　明
指令结构	FOR <ID> FROM <EXP1> TO <EXP2> STEP <EXP3> DO <SMT>ENDFOR
<ID>	循环判断变量
<EXP1>	变量起始值，第一次运行时变量等于这个值
<EXP2>	变量终止值，或叫作末尾值
<EXP3>	变量的步长，每运行一次 FOR 语句变量值自加这个步长值，在默认情况下，步长 <EXP> 是隐藏的，是可选变元项

②FOR 指令执行。

程序指针执行到 FOR 指令，第一次运行时，变量<ID>的值等于<EXP1>的值，然后执行 FOR 和 ENDFOR 指令的指令片段，执行完以后，变量<ID>的值自动加上步长<EXP3>的值；然后程序指针跳去 FOR 指令，开始第二次判断变量<ID>的值是否在<EXP1>起始值和<EXP2>末端值之间，如果判断结果成立，则程序指针继续第二次执行 FOR 和 ENDFOR 指令的指令片段，同样执行完后变量<ID>的值继续自动加上步长<EXP3>的值；然后程序指针又跳入 FOR 指令，开始第三次判断变量是否在起始值和末端值之间，如果条件成立则又重复执行 FOR 指令，变量又自动加上步长值；直到当判断出变量<ID>的值不在起始值和末端值时，程序指针才跳到 ENDFOR 后面继续往下执行。

循环指令实例如表 3-4 所示。

表 3-4　循环指令实例

程　　序	程序说明
PROC rfor3 （）	rfor3 例行程序开始
X：= 0；	变量 X 赋值为 0
i：= 1；	变量 i 赋值为 1
FOR i FROM 1 TO 3 DO	FOR 循环 3 次
X：= X + 100；	变量 X = X+100
ENDFOR	FOR 循环结束
i：= i + 1；	变量 i 自增 1
WaitTime 3；	延时 3 秒
ENDPROC	rfor3 例行程序结束

（4）WHILE：如果条件满足，重复执行对应的程序。

例如：

```
WHILE reg1<reg2 DO
    reg1:=reg1+1
    ENDWHILE
```

如果变量 reg1<reg2 条件一直成立，则重复执行 reg1 加 1，直至 reg1<reg2 条件不成立为止。

（5）TEST：对一个变量进行判断，从而执行不同的程序。

例如：

```
TEST reg1CASE 1:
    routine1;
CASE 2:
    routine2;
DEFAULT:
    Stop;
ENDTEST
```

判断 reg1 数值，若为 1 则执行 routine1，若为 2 则执行 routine2，否则执行 Stop。

（6）GOTO：跳转到例行程序内标签的位置。

无条件跳转结构 GOTO 用于将程序执行转移到相同程序内的另一线程（标签）。

```
GOTO<Label>
<Label>:标签。
```

Label 是程序中的一个标签位置，执行指令 GOTO 后，机器人将从相应标签位置 <Label> 处继续运行机器人程序。在使用该指令时，标记不得与以下内容相同：

①同一程序内的所有其他标记。

②同一程序内的所有数据名称。

因为标记会隐藏在其所在程序内具有相同名称的全局数据和程序中。

例如：

```
GOTO Next;
<SMT>
Next:
```

当执行 GOTO Next 时，程序无条件转移到标签 Next 的地址。

（7）Lable：跳转标签。

3. 停止程序执行

停止程序执行指令及说明如表 3-5 所示。

表 3-5 停止程序执行指令及说明

指　　令	说　　明
Stop	停止程序执行

指　　令	说　　明
Exit	停止程序执行并禁止在停止处再开始
Break	临时停止程序的执行，用于手动调试
SystemStopAction	停止程序执行与机器人运动
ExitCycle	中止当前程序的运行并将程序指针 PP 复位到主程序的第一条指令。如果选择了程序连续运行模式，程序将从主程序的第一句重新执行

（1）Stop：停止程序执行。

```
Stop [ \NoRegain];
[ \NoRegain]：路径恢复参数。（switch）
```

应用：

机器人在当前指令行停止运行，程序运行指针停留在下一行指令，可以用 Start 键继续运行机器人，因为属于临时性停止。如果机器人停止期间被手动移动后，然后直接启动机器人，机器人将警告确认路径，如果此时采用参变量[\NoRegain]，机器人将直接运行。

实例（见图 3-2）：

```
…
Stop;
…
```

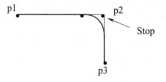

图 3-2　实例用图（1）

Stop 指令区别：

```
MoveL p2,v100,z30,tool0;
Stop;(Break;)
MoveL p3,v100,fine,tool0;
```

（2）Exit：停止程序执行并禁止在停止处再开始。

（3）Break：临时停止程序的执行，用于手动调试。

应用：

ABB 机器人在当前指令行立刻停止运行，程序运行指针停留在下一行指令，可以用 Start 键继续运行 ABB 机器人。

实例（见图 3-3）：

```
…
Break;
…
```

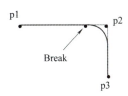

图 3-3 实例用图（2）

Break 指令区别：

```
MoveL p2,v100,z30,tool0;
Break;(Stop;)
MoveL p3,v100,fine,tool0;
```

（二）Various（变量指令）

1. 赋值指令（见表 3-6）

表 3-6 赋值指令及说明

指　　令	说　　明
：=	对程序数据进行赋值

```
:=:
赋值指令  Data:=Value
Data:被赋值的数据。 (All)
Value:数据被赋予的值。 (Same as Data)
```

应用：

对系统内所有变量或可变量数据进行赋值，在数据赋值时，可以进行相应计算。程序通过赋值指令可以自动改变数据值，从而控制程序运行逻辑。

实例：

```
ABB:=reg1+reg3; （num）
ABB:="WELCOME"; （string）
pHome:=p1; （robotarget）
tool1.tframe.trans.x:=tool1.tframe.trans.x+20; （num）
```

限制：

常量数据不允许进行赋值。

必须在相同的数据类型之间进行赋值。

2. 等待指令（见表 3-7）

表 3-7 等待指令及说明

指　　令	说　　明
WaitTime	等待一个指定的时间，程序再往下执行
WaitUntil	等待一个条件满足后，程序继续往下执行

续表

指　　令	说　　明
WaitDI	等待一个输入信号状态为设定值
WaitDO	等待一个输出信号状态为设定值

WaitTime 指令是一种时序控制指令类型，其功能是为了让程序控制各设备之间的配合时间顺序更准确，通常用于需要延长程序运行时间的场合。如图 3-4 所示，程序语句"WaitTime 1"的功能是执行程序语句"Set DO8"，等待 1 s 后，再执行"Reset DO8"。

例如，从系统控制电磁阀打开气路到气动执行元件完成动作，此过程需要一定的时间，如果不考虑延时，基于气动执行元件完成机器人动作如提前运行，有可能产生撞机的危害。因此，使用延时控制指令对于机器人安全运行并按要求完成任务是很有必要的。WaitUntil、WaitDI、WaitDO 指令不常用，这里就不详细介绍了。

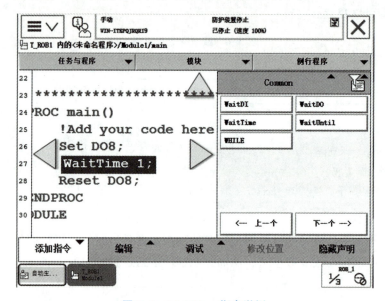

图 3-4　WaitTime 指令举例

3. 程序注释（见表 3-8）

表 3-8　程序注释指令及说明

指　　令	说　　明
Comment	对程序进行注释

4. 程序模块加载（见表 3-9）

表 3-9　程序模块加载指令及说明

指　　令	说　　明
Load	从机器人硬盘加载一个程序模块到运行内存
UnLoad	从运行内存中卸载一个程序模块

续表

指　　令	说　　明
Start Load	在程序执行的过程中，加载一个程序模块到运行内存中
Wait Load	当 Start Load 使用后，使用此指令将程序模块连接到任务中使用
Cancel Load	取消加载程序模块
Check ProgRef	检查程序引用
Save	保存程序模块
EraseModule	从运行内存删除程序模块

5. 变量功能（见表 3-10）

表 3-10　变量功能指令及说明

指　　令	说　　明
TryInt	判断数据是否是有效的整数
功　　能	说　　明
OpMode	读取当前机器人的操作模式
RunMode	读取当前机器人程序的运行模式
NonMotionMode	读取程序任务当前是否为无运动的执行模式
Dim	获取一个数组的维数
Present	读取带参数例行程序的可选参数值
IsPers	判断一个参数是不是可变量
IsVar	判断一个参数是不是变量

6. 转换功能（见表 3-11）

表 3-11　转换功能指令及说明

指　　令	说　　明
StrToByte	将字符串转换为指定格式的字节数据
ByteToStr	将字节数据转换为字符串

（三）MotionSetAdv（运动设定）

速度设定功能及指令说明见表 3-12。

表 3-12　速度设定功能及指令说明

功　　能	说　　明
MaxRobSpeed	获取当前型号机器人可实现的最大 TCP 速度

项目 3　常用编程指令

续表

指　令	说　明
VelSet	设定最大的速度与倍率
SpeedRefresh	更新当前运动的速度倍率
AccSet	定义机器人的加速度
WorldAccLim	设定大地坐标中工具与载荷的加速度
PathAccLim	设定运动路径中 TCP 的加速度

例如：VelSet 运动控制指令。

指令格式：VelSet Override，Max；

Override:机器人运行速率%。（num）
Max:最大运行速度 mm/s。（num）

说明：此条指令运行之后，机器人所有的运动指令均受其影响，直至下一条 VelSet 指令执行。此速度设置与示教器端速度百分比设置并不冲突，两者相互叠加，例如示教器端机器人运行速度百分比为 50%，VelSet 设置的百分比为 50%，则机器人实际运动速度为两者的叠加，即 25%；另外，在运动过程中单凭一味地加大、减小速度有时并不能明显改变机器人的运行速度，因为机器人在运动过程中涉及加减速。

应用：

对 ABB 机器人运行速度进行限制，ABB 机器人运动指令中均带有运行速度，在执行运动速度控制指令 VelSet 后，实际运行速度为运动指令规定的运行速度乘以 ABB 机器人运行速率，并且不超过 ABB 机器人最大运行速度，系统默认值为"VelSet 100，5000；"。

实例：

```
VelSet 50,800;
MoveL p1,v1000,z10,tooll;
MoveL p2,v1000\v:=2000, z10,tooll;
MoveL p3,v1000\T:=5,z10, tooll;
velSet 80,1000;
MoveL p1 ,v1000, z10, tooll;
MoveL p2,v5000, z10,tooll;
MoveL p3,v1000\V:=2000,z10,tooll;
MoveL p4,v1000\T:=5, z10, tooll;
```

限制：

ABB 机器人冷启动，新程序载入与程序重置后，系统自动设置为默认值。

ABB 机器人运动使用参变量［\ T］时，最大运行速度将不起作用。

Override 对速度数据（speeddata）内所有项都起作用，例如 TCP、方位及外轴。但对焊接参数 welddata 与 seamdata 内的机器人运动速度不起作用。

Max 只对速度数据（speeddata）内 TCP 这项起作用。

（四）MotionSet&Proc. 运动控制

1. 机器人运动控制（见表 3-13）

表 3-13　机器人运动控制指令及说明

指　　令	说　　明
MoveC	TCP 圆弧运动
MoveJ	关节运动
MoveL	TCP 线性运动
MoveAbsJ	轴绝对角度位置运动
MoveExtJ	外部直线轴和旋转轴运动
MoveCDO	TCP 圆弧运动的同时触发一个输出信号
MoveJDO	关节运动的同时触发一个输出信号
MoveLDO	TCP 线性运动的同时触发一个输出信号
MoveCSync	TCP 圆弧运动的同时执行一个例行程序
MoveJSync	关节运动的同时执行一个例行程序
MoveLSync	TCP 线性运动的同时执行一个例行程序

（1）MoveC 指令。

MoveC 圆弧运动指令，用于将工具中心点（TCP）沿圆周移动至指定目标位置。工业机器人从起始点，通过过渡点，以圆弧移动方式运动至目标点，起始点、过渡点与目标点 3 点决定一段圆弧，工业机器人运动状态可控制，运动路径保持唯一。MoveC 运动指令实例如图 3-5 所示，实现了通过两个 MoveC 指令完成一个整圆运动轨迹。

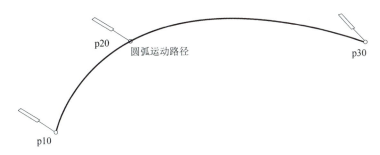

图 3-5　MoveC 指令轨迹

圆弧运动指令在机器人可到达的空间范围内定义 3 个位置点，第一个点是圆弧的起点，第二个点用于定义圆弧的曲率，第三个点是圆弧的终点。

圆弧运动指令 MoveC 的格式如下，指令解析如表 3-14 所示。

```
MoveC p20,p30,v1000,z2,tool1\Wobj:=wobj1;
```

表 3-14　圆弧运动指令解析

参　　数	含　　义
p20	圆弧的第一个点
p20	圆弧的第二个点
p30	圆弧的第三个点
z2	转弯区数据

（2）MoveJ 指令。

MoveJ 关节运动指令也可以称为空间点运动指令，该指令表示机器人 TCP 将进行点到点的运动：各轴均以恒定轴速率运动，且所有轴均同时达到目的点。在运动过程中，各轴运动形成的轨迹在绝大多数情况下是非线性的，如图 3-6 所示。

关节运动指令用于在对路径精度要求不高的情况下，定义工业机器人的 TCP 从一个位置移动到另一个位置的运动，两个位置之间的路径不一定是直线，如图 3-6 所示。

图 3-6　MoveJ 指令轨迹

关节运动指令 MoveJ 的格式如下，指令解析如表 3-15 所示。

```
MoveJ p20,v1000,z50,tool1\Wobj:=wobj1;
```

表 3-15　关节运动指令解析

参　　数	含　　义
p20	目标点位置数据
v1000	运动速度数据 1 000 mm/s
z50	工具坐标数据，定义当前指令使用的工具
tool1	工具坐标数据，定义当前指令使用的工具
wobj1	工件坐标数据，定义当前指令使用的工件坐标

（3）MoveL 指令。

MoveL 直线运动指令用于将机器人末端点沿直线移动至目标位置，当指令目标位置不变时也可用于调整工具姿态。

线性运动是指机器人的 TCP 从起点到终点之间的路径保持为直线。一般在涂胶、焊接等路径要求较高的场合常使用线性运动指令 MoveL。MoveL 指令轨迹如图 3-7 所示。

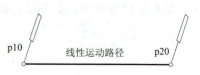

图 3-7　MoveL 指令轨迹

MoveL 指令格式如下，指令解析如表 3-16 所示。

```
MoveL p20,v1000,z50,tool1\Wobj:=wobj1;
```

表 3-16　MoveL 指令解析

参　数	含　义
p20	目标点位置数据
v1000	运动速度数据 1 000 mm/s
z50	工具坐标数据，定义当前指令使用的工具
tool1	工具坐标数据，定义当前指令使用的工具
wobj1	工件坐标数据，定义当前指令使用的工件坐标

运动过程中遵循以下规则：

①以恒定编程速率，沿直线移动工具的 TCP。

②以相等的间隔，沿路径调整工具方位。

如果不可能达到关于调整姿态或外轴的编程速率，则将降低 TCP 的速率。一般在对轨迹要求高的场合进行时使用此指令。但要注意，空间直线距离不宜太远，否则容易到达机器人的轴限位或奇异点。

例如：

```
MoveL p10,v500,fine,tool1   //工业机器人以直线运动方式到达 p10 位置
MoveL p20,v500,fine, tool1   //工业机器人以直线运动方式到达 p20 位置
```

（4）MoveAbsJ 指令。

MoveAbsJ 绝对关节运动指令用于将机器人各轴移动至指定的绝对位置（角度），其运动模式与 MoveJ 指令类似。但本质上 MoveJ 指令描述的是空间点到空间点的运动，而 MoveAbsJ 指令描述的是各轴角度到角度的运动，因此其位置不随工具和工件坐标系而变化。基于 MoveAbsJ 指令的动作特性，常用于机器人回到特定（如机械零点）的位置或经过运动学奇异点的位姿。

（5）MoveCDO 指令。

MoveCDO 运动指令格式如下：

```
MoveCDO CirPoint, ToPoint, Speed [ \T], Zone, Tool [ WObj], Signal, Value;
CirPoint: 中间点,默认为 *。（robotarget）
ToPoint: 目标点,默认为 *。（robotarget）
Speed: 运行速度数据。（speeddata）
[ \T]: 运行时间控制(s)。（num）
Zone: 运行转角数据。（zonedata）
Tool: 工具中心点 (TCP)。（tooldata）
[ Wobj]: 工件坐标系。（wobjdata）
Signal: 数字输出信号名称。（signaldo）
Value: 数字输出信号值。（dionum）
```

应用：

机器人通过中间点以圆弧移动方式运动至目标点，并且在目标点将相应输出信号设置为相应值，在指令 MoveC 基础上增加信号输出功能，如图 3-8 所示。

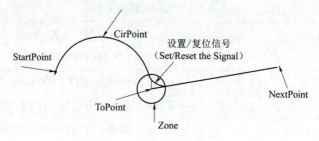

图 3-8　MoveCDO 指令轨迹

2. 搜索功能（见表 3-17）

表 3-17　搜索指令及说明

指　　令	说　　明
SearchC	TCP 圆弧搜索运动
SearchL	TCP 线性搜索运动
SearchExtJ	外轴搜索运动

3. 指定位置触发信号与中断功能（见表 3-18）

表 3-18　指定位置触发与中断指令及其说明

指　　令	说　　明
TriggIO	定义触发条件在一个指定的位置触发输出信号
TriggInt	定义触发条件在一个指定的位置触发中断程序
TriggCheckIO	定义一个指定的位置进行 I/O 状态的检查
TriggEquip	定义触发条件在一个指定的位置触发输出信号，并对信号响应的延迟进行补偿设定
TriggRampAO	定义触发条件在一个指定的位置触发模拟输出信号，并对信号响应的延迟进行补偿设定
TriggC	带触发事件的圆弧运动
TriggJ	带触发事件的关节运动
TriggL	带触发事件的直线运动
TriggLIOs	在一个指定的位置触发输出信号的线性运动
StepBwdPath	在 RESTART 的事件程序中进行路径的返回
TriggStopProc	在系统中创建一个监控处理，用于在 STOP 和 QSTOP 中需要信号复位和程序数据复位的操作
TriggSpeed	定义模拟输出信号与实际 TCP 速度之间的配合

（五）I/O（输入/输出）信号的处理

1. 对输入/输出信号的值进行设定（见表 3-19）

表 3-19　对输入/输出信号的值进行设定

指　　令	说　　明
InvertDO	对一个数字输出信号的值置反
PulseDO	数字输出信号进行脉冲输出
Set	将数字输出信号置为 1
Reset	将数字输出信号置为 0
SetAO	设定模拟输出信号的值
SetDO	设定数字输出信号的值
SetGO	设定组输出信号的值

（1）InvertDO：置反指令。

> 格式：InvertDO 信号名
> 应用：将信号值置反，即将 1 变为 0,0 变为 1。

（2）PulseDO：脉冲输出指令。

> 格式：PluseDO
> 应用：输出数字脉冲信号。
> 脉冲长度：0.1~32 s；可选变量：high,输出高电平。

（3）Set：设置指令。

> 格式：Set do1;//do1 为输出信号名,类型为 signaldo
> 作用：将一个输出信号赋值为 1，在输出信号相应 I/O 板的相应信号端口输出直流 24 V。

Set 指令用于将数字输出信号的值设置为 1。如图 3-9 所示，程序语句"Set DO8;"的功能是将输出信号"DO8"的状态置为 1，在本任务中对应实际的效果为打开激光笔。

图 3-9　Set 指令设置

Set 指令只有一个参数，就是操作的输出信号对象，并且只是信号的名称，具体对应的物理通道在信号配置中。

执行 Set 指令后，在信号获得其新值之前，存在短暂延迟。如果对信号时序有精确需求，需要继续执行程序直至信号已获得其新值，则可以使用 SetDO 指令以及可选参数"\ Sync"。

信号的真实值取决于其配置，如果在系统参数中反转信号，则该指令将物理通道设置为 0。

（4）Reset：复位指令。

如：

```
Reset Do1;//将数字输出信号 Do1 置为 0
```

Reset 指令用于将数字输出信号的值重置为 0。Reset 指令的功能与 Set 指令相反，通常配对使用。如图 3-10 所示，程序语句"Reset DO8;"的功能是将输出信号"DO8"的状态置为 0，本任务中对应实际的效果为关闭激光笔。

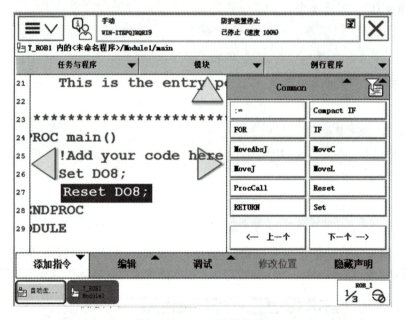

图 3-10　Reset 指令用例

与 Set 指令相同，Reset 指令也只有一个参数，是操作的输出信号，并且只是信号的名称，具体对应的物理通道在信号配置中。

（5）SetAO：设定模拟输出信号值指令。

```
SetAO Signal, Value;
Signal：模拟量输出信号名称。（signalao）
Value：模拟量输出信号值。（num）
```

应用：

使机器人当前模拟量输出信号输出相应的值，例如机器人焊接时，通过模拟量输出控制焊接电压与送丝速度。图 3-11 所示为 SetAO 指令轨迹。

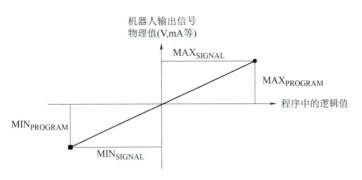

图 3-11　SetAO 指令轨迹

实例:

```
SetAO ao2,5.5;
SetAO weldcurr,curr_outp;
```

2. 读取输入/输出信号值（见表 3-20）

表 3-20　读取输入/输出信号值说明

功　　能	说　　明
AOutput	读取模拟输出信号的当前值
DOutput	读取数字输出信号的当前值
GOutput	读取组输出信号的当前值
TestDI	检查一个数字输入信号是否已置 1
ValidIO	检查 I/O 信号是否有效
指　　令	说　　明
WaitDI	等待一个数字输入信号的指定状态
WaitDO	等待一个数字输出信号的指定状态
WaitGI	等待一个组输入信号的指定值
WaitGO	等待一个组输出信号的指定值
WaitAI	等待一个模拟输入信号的指定值
WaitAO	等待一个模拟输出信号的指定值

（1）WaitDI 指令。

```
WaitDI Signal, Value [ \MaxTime][ \TimeFlag];
Signal: 输入信号名称。 (signaldi)
Value: 输入信号值。 (dionum)
[ \MaxTime]: 最长等待时间(s)。(num)
[ \TimeFlag]: 超时逻辑量。 (bool)
```

应用:

等待数字输入信号满足相应值，达到通信目的，是自动化生产的重要组成部分，例如 ABB 机器人等待工件到位信号。

实例：

```
PROC PickPart()
MoveJ pPrePick,vFastEmpty,zBig,tool1;
WaitDI di_Ready,1;  //ABB 机器人等待输入信号,直到信号 di_Ready 值为 1,才执行随后指令
...
ENDPROC
PROC PickPart()
MoveJ pPrePick,vFastEmpty,zBig,tool1;
WaitDI di_Ready,1 \MaxTime:=5;  //ABB 机器人等待相应输入信号,如果 5 s 内仍没有等到信号
di_Ready 值为 1,自动进行 Error Handler 处理,如果没有 Error Handler,机器人停机报错
...
ERROR
IF ERRNO = ERR_WAIT_MAXTIME THEN
TPWrite "…..";
RETRY;
ELSE
RAISE;
ENDIF
ENDPROC
```

实例：

```
PROC PickPart()
MoveJ pPrePick,vFastEmpty,zBig,tool1;
bTimeout:=TRUE;
nCounter:=0;
WHILE bTimeout DO
IF nCounter>3 THEN
    TPWrite "…..";
ENDIF
IF nCounter>30 THEN
    Stop;
ENDIF
WaitDI di_Ready,1 \MaxTime:=1 \TimeFlag:=bTimeout;  //ABB 机器人等待到位信号,如果
1 s 内仍没有等到信号 di_Ready 值为 1,机器人自动执行随后指令,但此时 TimeFlag 值为 TRUE;机器
人等到信号 di_Ready 值为 1,此时,TimeFlag 值为 FALSE
    Incr nCounter;
ENDWHILE
    ...
ENDPROC
```

（2）WaitDO 指令。

```
WaitDO Signal, Value [ \MaxTime][ \TimeFlag];
```
Signal: 输入信号名称。（signaldi）
Value: 输入信号值。（dionum）
[\MaxTime]: 最长等待时间(s)。（num）
[\TimeFlag]: 超时逻辑量。（bool）

应用:

等待数字输出信号满足相应值, 达到通信目的, 因为输出信号一般情况下受程序控制, 此指令很少使用。

实例:

```
PROC Grip()
Set do03_Grip;
WaitDO do03_Grip,1;  //ABB 机器人等待输出信号,直到信号 do03_Grip 值为 1,才执行随后相
```
应指令
```
    ...
    ENDPROC
PROC Grip()
    Set do03_Grip;
WaitDO do03_Grip,1 \MaxTime:=5;  //ABB 机器人等待相应输出信号,如果 5 s 内仍没有等到
```
信号 do03_Grip 值为 1,自动进行 Error Handler 处理,如果没有 Error Handler,ABB 机器人停机
报错
```
    ...
    ERROR
    IF ERRNO=ERR_WAIT_MAXTIME THEN
        TPWrite "·····";
        RETRY;
    ELSE
        RAISE;
    ENDIF
        ENDPROC
```

实例:

```
PROC Grip()
    Set do03_Grip;
bTimeout:=TRUE;
nCounter:=0;
WHILE bTimeout DO
    IF nCounter>3 THEN
        TPWrite "·····";
    ENDIF
    IF nCounter>30 THEN
        Stop;
    ENDIF
```

```
    WaitDO do03_Grip,1 \MaxTime:=1 \TimeFlag:=bTimeout;  //ABB 机器人等待到位信号,如
果1 s 内仍没有等到信号 do03_Grip 值为 1,ABB 机器人自动执行随后指令,但此时 TimeFlag 值为
TRUE;ABB 机器人等到信号 do03_Grip 值为 1,此时,TimeFlag 值为 FALSE
        Incr nCounter;
    ENDWHILE
    …
ENDPROC
```

3. I/O 模块的控制（见表 3–21）

表 3–21　I/O 模块控制指令及说明

指　　令	说　　明
IODisable	关闭一个 I/O 模块
IOEnable	开启一个 I/O 模块

任务实施

　　机器人接收到装配信号时，运动到装配起始位置点，末端吸盘开启，分别把图 3–12 中的工件放置到对应的槽内，再把黑色的箱盖装配到箱体上，装配完成后机器人回到机械原点，完成涂胶装配任务。

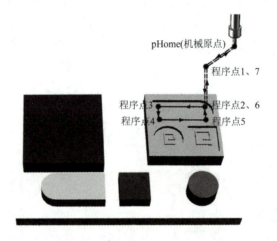

图 3–12　涂胶装配

　　Step1：建立一个主程序"main"，然后单击"确定"按钮。

　　Step2：建立相关例行程序。

　　Step3：到"手动操纵"界面内，确认已选择要使用的工具坐标与工件坐标。

　　Step4：回到程序编辑器菜单，进入"rHome"例行程序，选择"〈SMT〉"为插入指令的位置，如图 3–13 所示。

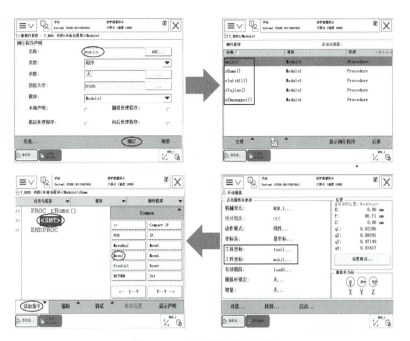

图 3-13　建立例行程序步骤

Step5：单击"添加指令"按钮，添加"MoveJ"指令，并双击"＊"。

Step6：进入指令参数修改画面（选择相应示教点）。

Step7：通过新建或选择对应的参数数据，设定为椭圆圈中所示的数值。

Step8：将机器人的机械原点作为机器人的空闲等待点（pHome），如图 3-14 所示。

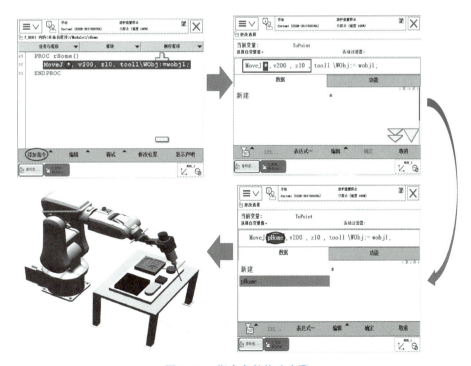

图 3-14　指令参数修改步骤

Step9：选择"pHome"目标点，单击"修改位置"，将机器人的当前位置数据记录下来。

Step10：单击"修改"按钮更改位置。

Step11：单击"例行程序"按钮。

Step12：选择"rInitAll"例行程序，然后单击"显示例行程序"，如图3-15所示。

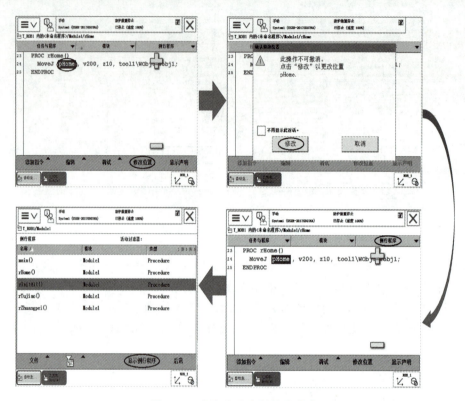

图3-15　例行程序参数修改步骤

Step13：在此例行程序中添加程序正式运行前初始化的内容，如速度限定、夹具复位等。具体根据实际需要添加。在此例行程序 rInitAll 中只增加了两条速度控制的指令（在添加指令列表的"Settings"类别中）。

Step14：调用回等待位的例行程序"rHome"，再单击"例行程序"按钮。

Step15：选择"rTujiao"例行程序，然后单击"显示例行程序"。

Step16：添加"MoveJ"指令，并将参数设定为图3-16中所示。

Step17：选择合适的动作模式，使机器人移动至图3-17中所示涂胶起始处的接近位置，作为机器人的p10点。

Step18：选择"p10"，单击"修改位置"，将机器人的当前位置记录到p10中。

Step19：添加"MoveL"指令，并将参数设定为图3-17中所示。

Step20：选择合适的动作模式，使用操作杆将机器人运动到图3-17中所示涂胶起始位置，作为机器人的p20点。

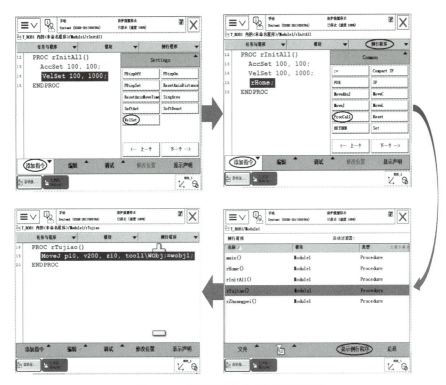

图 3-16　在例行程序中添加程序步骤

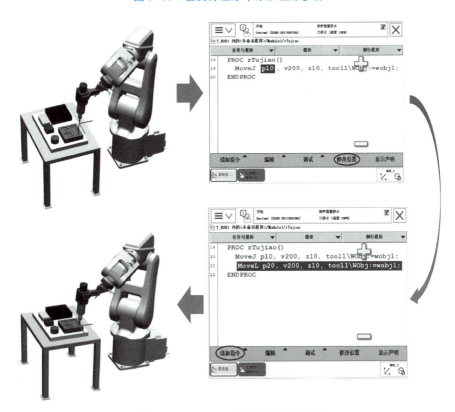

图 3-17　"MoveL" 指令添加步骤

项目
3
常
用
编
程
指
令

Step21：单击"修改位置"，将机器人的当前位置记录到 p20 中。

Step22：添加"Set"指令，置位涂胶信号"dotujiao"，开始涂胶。

Step23：添加"MoveL"指令，并将参数设置为图 3-18 中所示。

Step24：选择合适的动作模式，使用操作杆将机器人运动到图 3-18 中所示涂胶轨迹的 p30 点。

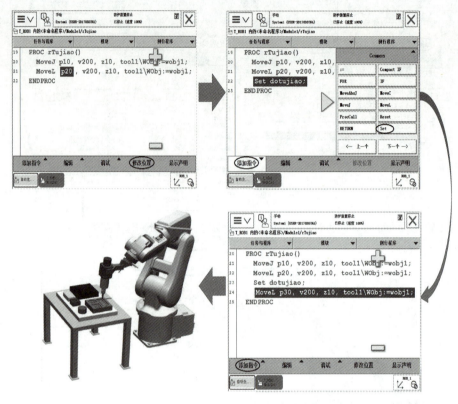

图 3-18　添加"Set"指令步骤

Step25：选择"p30"点，单击"修改位置"，将机器人的当前位置记录到 p30 中。

Step26：添加"MoveL"指令，并将参数设置为图 3-19 中所示。

Step27：选择合适的动作模式，使用操作杆将机器人运动到图 3-19 中所示涂胶轨迹的 p40 点。

Step28：选择"p40"点，单击"修改位置"，将机器人的当前位置记录到 p40 中。

Step29：添加"MoveL"指令。

Step30：选择合适的动作模式，使用操作杆将机器人运动到图 3-20 中所示涂胶轨迹的 p50 点。

Step31：选择"p50"点，单击"修改位置"，将机器人的当前位置记录到 p50 中。

Step32：添加"MoveL"指令，并将参数设置为图 3-20 中所示。

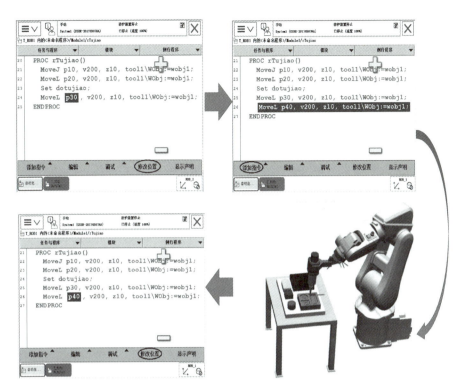

图 3-19　添加 p30 到 p40 点步骤

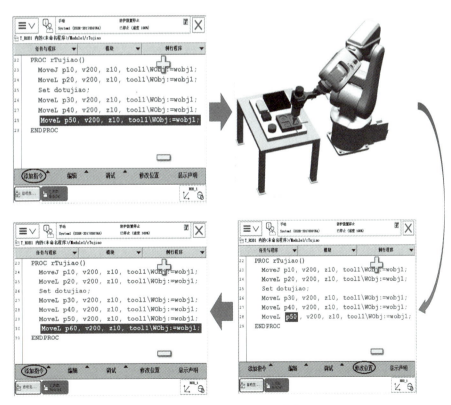

图 3-20　添加 p40 到 p50 点步骤

Step33：选择合适的动作模式，使用操作杆将机器人运动到图3-21中所示涂胶轨迹的p60点。

Step34：选择"p60"点，单击"修改位置"，将机器人的当前位置记录到p60中，如图3-21中所示。

Step35：添加"Reset"指令，复位"dotujiao"，停止涂胶。

Step36：添加"MoveL"指令，并将参数设置为图3-21中所示。

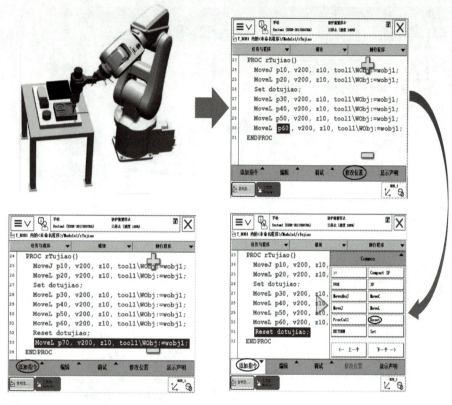

图3-21　添加 p50 到 p70 点步骤

Step37：选择合适的动作模式，使用操作杆将机器人运动到图3-22中所示的p70点，涂胶结束后离开工件，移动至涂胶终点的上方。

Step38：选择p70点，单击"修改位置"，将机器人的当前位置记录到p70中。

Step39：添加"ProcCall"指令，调用"rHome"程序，机器人移动到工作原位，如图3-22所示。

Step40：选择图3-23中的"rZhuangpei"例行程序，然后单击"显示例行程序"。

Step41：添加"MoveJ"指令。

Step42：选择合适的动作模式，使用操作杆将机器人运动到装配起始处的接近位置，作为机器人的p80点。

Step43：选择"p80"点，单击"修改位置"，将机器人的当前位置记录到p80中，如图3-23所示。

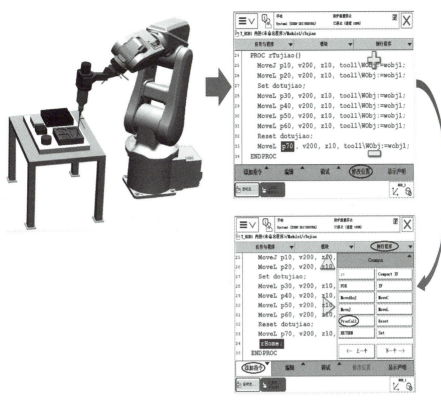

图 3-22 添加 "ProcCall" 指令

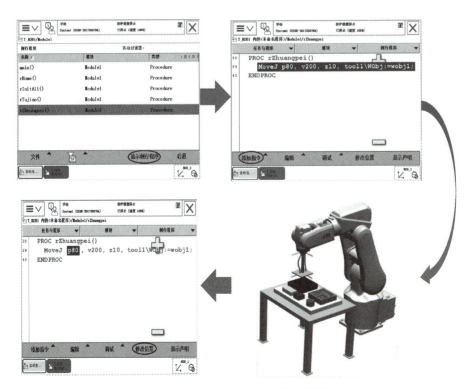

图 3-23 添加 "MoveJ" 指令步骤

Step44：添加"MoveL"指令。

Step45：选择合适的动作模式，使用操作杆将机器人末端的吸盘接触到箱盖，作为机器人的p90点。

Step46：选择"p90"点，单击"修改位置"，将机器人的当前位置记录到p90中。

Step47：添加"Set"指令，置位装配信号"dozhuangpei"，开始装配，如图3-24所示。

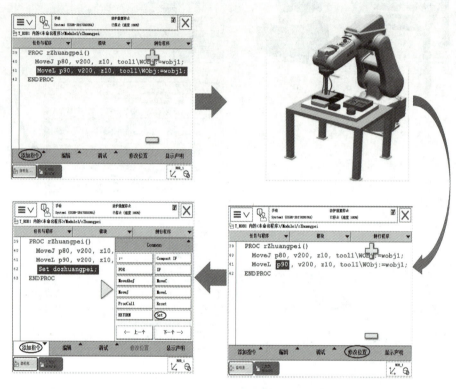

图3-24 添加"Set"指令步骤

Step48：添加"MoveL"指令。

Step49：选择合适的动作模式，用吸盘吸住箱盖并移动至初始位置的正上方，使用操作杆将机器人运动到图3-25中位置，作为机器人的p100点。

Step50：选择"p100"点，单击"修改位置"，将机器人的当前位置记录到p100中。

Step51：添加"MoveL"指令，并将参数设置为图3-25中所示。

Step52：选择合适的动作模式，使用操作杆将机器人移动到箱体的正上方，作为机器人的p110点。

Step53：选择"p110"点，单击"修改位置"，将机器人的当前位置记录到p110中。

Step54：添加"MoveL"指令。

Step55：选择合适的动作模式，使用操作杆移动机器人到箱体上，使箱体与箱盖完全配合，作为机器人的p120点，如图3-26所示。

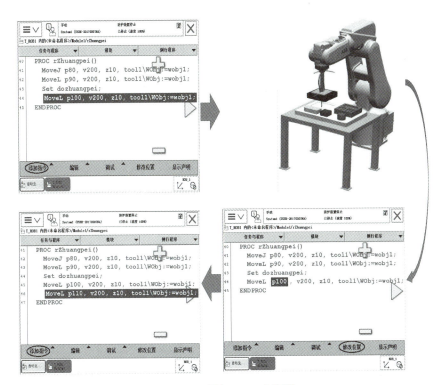

图 3-25 添加 p100 点步骤

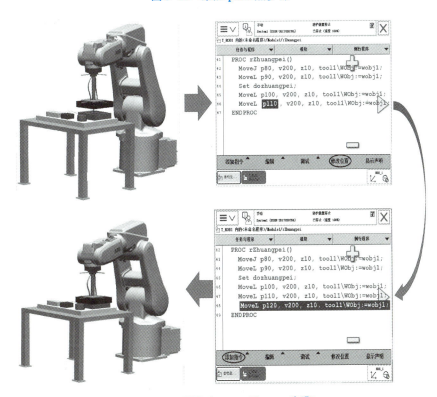

图 3-26 添加点 p110 到 p120 步骤

Step56：选择"p120"点，单击"修改位置"，将机器人的当前位置记录到 p120 中。

Step57：添加"Reset"指令，复位装配信号"dozhuangpei"，吸盘不再吸取物体。

Step58：添加"MoveL"指令，并将参数设置为图 3-27 中所示。

Step59：装配结束，机器人离开箱体，移动到装配终点的正上方，作为机器人的 p130 点，如图 3-27 所示。

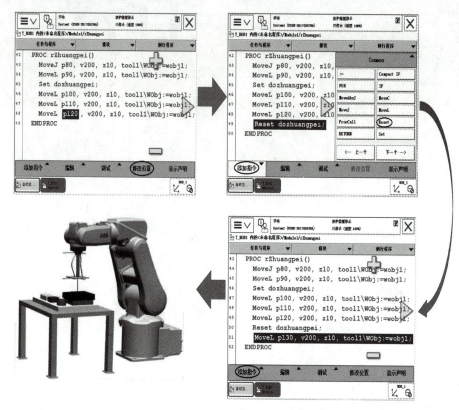

图 3-27　添加点 p120 到 p130 步骤

Step60：选择"p130"点，单击"修改位置"，将机器人的当前位置记录到 p130 中，如图 3-28 所示。

Step61：添加"ProcCall"指令，调用"rHome"程序，如图 3-29 所示，机器人移动到工作原位。

Step62：单击"显示例行程序"，再选择图 3-30 中的"main"主程序，进行程序执行主体架构的设定。

Step63：添加"ProcCall"指令，调用初始化例行程序"rInitAll"。

Step64：添加"WHILE"指令，并将条件设定为"TRUE"。

Step65：调用"WaitDI"指令，等待涂胶启动信号"ditujiao"变为 1，如图 3-30 所示。

Step66：添加"ProcCall"指令，调用涂胶例行程序"rTujiao"。

Step67：调用"WaitDI"指令，等待装配信号"dizhuangpei"为 1。

Step68：添加"ProcCall"指令，调用装配例行程序"rZhuangpei"，如图 3-31 所示。

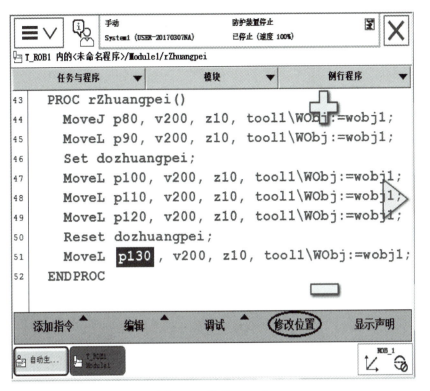

图 3-28　修改 p130 点

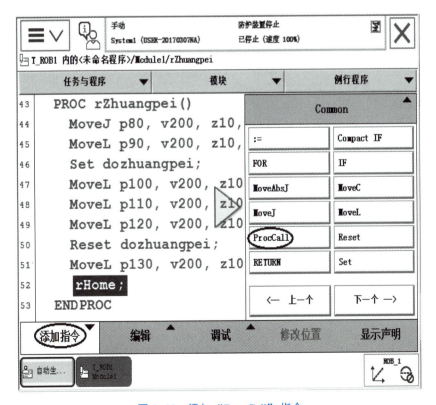

图 3-29　添加 "ProcCall" 指令

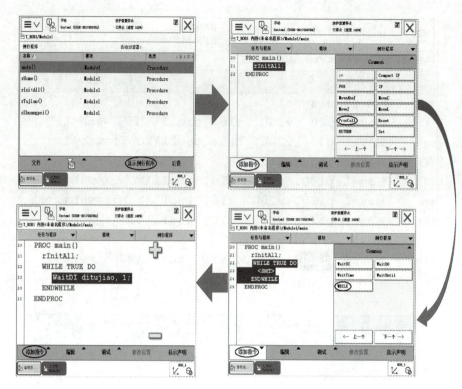

图 3-30 添加"WHILE"指令步骤

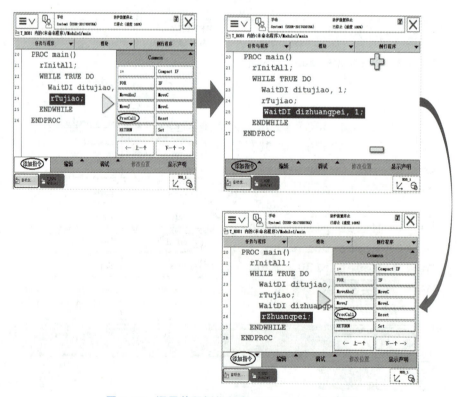

图 3-31 调用装配例行程序"rZhuangpei"步骤

评价与总结

根据任务完成情况，填写评价表，如表3-22所示。

表3-22 任务评价表

任务：常用编程指令			实习日期：				
姓名：		班级：	学号：		导师签字：		
自评：□熟练 □不熟练		互评：□熟练 □不熟练	师评：□合格 □不合格				
日期：		日期：	日期：		日期：		
序号	评分项	得分条件	配分	评分要求	自评	互评	师评
1	认知能力	作业：Frog.Flow（程序执行的控制）指令 □1. 能正确使用 ProcCall 指令 □2. 能正确使用 RETURN 指令 □3. 能正确使用例行程序内的逻辑控制指令 □4. 能正确使用 Various（变量指令） □5. 能正确使用 MotionSetAdv（运动设定）指令 □6. 能正确使用 MotionSet&Proc. 运动控制指令	65	未完成1项扣4.5分，扣分不得超过65分	□熟练 □不熟练	□熟练 □不熟练	□合格 □不合格
2	叙述能力	□1. 能正确编写和运行程序 □2. 能正确叙述和编写运动指令	20	未完成1项扣10分，扣分不得超过20分	□熟练 □不熟练	□熟练 □不熟练	□合格 □不合格
3	资料、信息查询能力	□1. 能正确使用维修手册查询资料 □2. 能正确使用用户手册查询资料	10	未完成1项扣5分，扣分不得超过10分	□熟练 □不熟练	□熟练 □不熟练	□合格 □不合格
4	表单填写与报告的撰写能力	□1. 字迹清晰 □2. 语句通顺 □3. 无错别字 □4. 无涂改 □5. 无抄袭	5	未完成1项扣1分，扣分不得超过5分	□熟练 □不熟练	□熟练 □不熟练	□合格 □不合格
总分							

拓展练习

一、填空题

1. ProcCall 指令用于将程序执行_____。

2. RETURN 指令为_____。

3. ：=指令为_____。

4. WaitTime 指令是一种_____指令类型，其功能是为了让程序控制各设备之间的配合时间顺序更准确，通常用于需要_____的场合。

5. MoveL 指令用于将机器人末端点沿_____移动至目标位姿，当指令目标位置不变时也可用于调整工具姿态。

6. Set 指令为将数字输出信号置为_____。

二、选择题

1. TCP 圆弧运动指令为（　　　）。

A. MoveC   B. MoveJ

C. MoveL   D. MoveAbsJ

2. 关节运动指令为（　　　）。

A. MoveC   B. MoveJ

C. MoveL   D. MoveAbsJ

3. TCP 线性运动指令为（　　　）。

A. MoveC   B. MoveJ

C. MoveL   D. MoveAbsJ

4. 将数字输出信号置为 0 的指令为（　　　）。

A. Set   B. Reset

C. SetAO   D. SetDO

5. 等待一个数字输入信号的指定状态的指令为（　　　）。

A. WaitDI   B. WaitDO

C. WaitGI   D. WaitGO

任务　工业机器人激光切割应用

任务描述

激光切割是工业机器人的典型应用之一。工业机器人激光切割能够灵活地实现各种复杂曲线轨迹，具有较强的灵活性和较高的精度。本任务通过激光切割操作准备、加载和运行激光切割程序、编制激光切割运动程序、备份程序及系统等实施操作，掌握安装激光笔工具和绘图模块、加载和运行程序、编制机器人模拟切割程序、修改程序指令参数等操作技能。

任务目标

1. 认识工具快换装置和激光笔工具；
2. 认识程序编辑界面和程序结构；
3. 掌握预定义键功能和使用方法；
4. 掌握系统备份和恢复方法；
5. 掌握程序导出和加载的方法。

知识准备

工业机器人激光切割系统由工业机器人、工具快换装置、激光笔工具、平面循迹绘图模块等组成。实施工业机器人激光切割任务前，需要进行系统操作的准备工作，了解激光笔工具的安装方法和平面循迹绘图模块的安装方法，掌握工业机器人激光切割程序的编写、工业机器人激光切割程序的加载与运行、机器人恢复备份系统方法。主要包括以下内容：

（1）通过气动控制板操作，将激光笔工具安装到机器人末端主盘。

（2）通过通用机械接口，固定平面循迹绘图模块。

（3）恢复操作所需要的备份系统。

4.1 激光切割技术

工业机器人
激光切割

　　1917 年，爱因斯坦提出了受激辐射的概念。1960 年，梅曼成功运转了世界上第一台激光器。自此人们研究了激光的特性，开始探索激光在加工领域中的应用。几年后，高功率的 CO_2、YAG 激光器的发明，使激光加工变成现实。目前，激光加工作为先进制造技术已广泛应用于国民经济重要部门，对提高产品质量与劳动生产率、实现自动化、消除污染和减少材料消耗等起到重要的作用。如日本最先将激光切割系统引进汽车制造中，大大提高了劳动生产率。激光切割是应用最广泛的一种激光加工技术，目前激光切割在激光加工中所占的比例超过了 70%。

　　激光具有高亮度、高单色性、高相干性以及方向性好的特性。激光切割技术原理一般指激光经过聚焦后照射到材料上，使材料温度急速升高至熔化或汽化，随着激光与被切割材料的相对运动，在切割材料上形成切缝从而达到切割的目的。从激光与材料的作用机理和过程来分，激光切割可分为热加工和冷加工两种。现在大量用于激光加工的 CO_2 和 YAG 激光处于红外波段，它们基于热效应，使工件升温、熔化或汽化，以完成各种加工，称其为热加工。但这种方式会损伤周围区域，因而限制了边缘强度和产生精细特征的能力。紫外激光的波长短、能量集中，通过直接破坏连接物质组分的化学键来达到加工目的，这种将物质分离的过程是一个"冷"过程，热效应小，因此在精密切割和微加工领域具有广泛的应用。

　　激光切割工艺相比传统切割工艺的优点在于：

　　（1）激光加工属于非接触加工，因此无磨损、无机械应力、无形变、无耗材、无原材料浪费。

　　（2）激光能量集中，因此其热影响区小，对非加工部位没有影响，工件热变形极小。

　　（3）激光能量密度高，加工速度快，生产效率高。

　　（4）激光便于导向、聚焦、发散等，可以得到不同的光斑尺寸和功率密度，且激光易与数控系统配合，加工方法灵活，因此可以完成任何复杂的加工，如微细加工和局部选择加工。

　　（5）激光加工不受电磁干扰，加工质量稳定可靠。

　　（6）激光加工无噪声、无污染，对环境没有危害。

　　工业机器人激光切割系统包括工业机器人、激光器（含光纤、冷水机和稳压电源）、激光头、工作平台、其他辅助装备（工控机、冷干机等）。工业机器人作为激光切割系统的运动机构，具有灵活的运动功能，可提高切割精度，并可与其他设备进行信号交换，控制其他设备的开启和关闭，如控制激光束的发射等。工业机器人激光切割在汽车、电子等领域的应用越来越广泛，如图 4-1 所示。

　　工业机器人执行的任务具有多样性，任务目标的质量、形状和尺寸大多不同，因此，仅使用单一的末端工具不能满足复杂的任务要求。工具快换装置可以使工业机器人能够根据作业任务的需要，自动、快速地更换末端工具或外围设备，使工业机器人的应用更具柔性，以提高作业能力与效率。

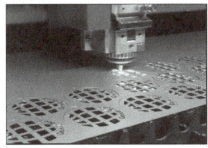

图 4-1　工业机器人激光切割系统

4.2　激光笔快换装置

　　工业机器人工具快换装置也被称为自动工具转换装置、机器人工具转换、机器人连接器、机器人连接头等，主要由主侧和工具侧两部分组成，两侧设计可以自动锁紧连接，如图 4-2 所示。机器人工具快换装置可以连通和传递电信号、气体、液体、超声等介质，能够让不同的介质从机器人手臂连通到末端执行器。大多数的机器人工具快换装置使用气体锁紧主侧和工具侧。工具快换装置的主侧安装在一台机器人上，工具侧安装工具，例如吸盘、夹爪或焊枪等。

认识工业
机器人

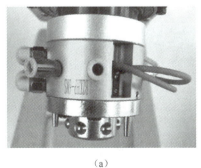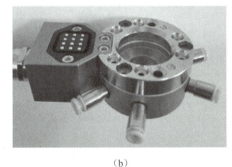

（a）　　　　　　　　　　　　　　　　　　　（b）

图 4-2　工业机器人工具快换装置

（a）主侧；（b）工具侧

　　激光笔是把可见激光设计成便携、手易握、激光模组（二极管）加工成的笔形发射器，如图4-3所示。常见的激光笔有发射红光、绿光、蓝光和蓝紫光等种类，通过在物体上投映一个点或一条线实现导向的效果。

　　本任务中使用的是发射红光的激光笔，将激光笔安装在工具快换装置的工具侧，如图4-4所示，通过工业机器人示教器上的可编程按键控制激光笔的打开和关闭。激光笔在平面循迹模块上沿着给定的曲线任务精确的投映点作为工业机器人运动的目标点，模拟激光切割。

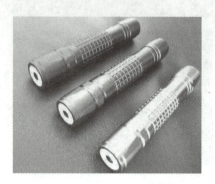
图 4-3　激光笔

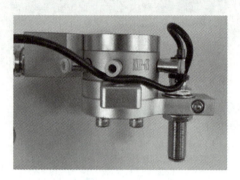
图 4-4　激光笔工具

任务实施

一、设备安装

1. 启动控制板

　　气动控制板被固定于实训台上，通过按下电磁阀强制按钮，实现对气动工具的强制动作，如图4-5所示。

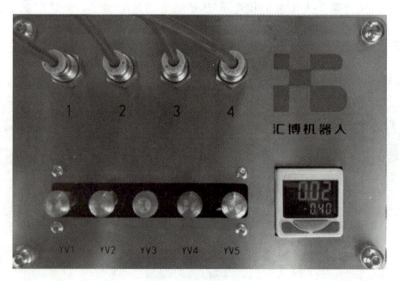
图 4-5　气动控制板

按下 YV1~YV5 按钮对应的强制气动动作，如表 4-1 所示。本任务中主要通过气动控制板，手动装卸激光笔工具，即激光笔的安装和卸载。

表 4-1　快换手爪气动动作表

电磁阀按钮	主盘锁紧	主盘松开	夹爪闭合	夹爪张开	吸盘真空	真空破坏
YV1		√				
YV2	√					
YV3				√		
YV4			√			√
YV5					√	

2. 通用机械接口

工业机器人应用编程平台设计的通用机械接口可实现不同项目实训模块的安装，在工业机器人四周共有 12 块定位板，分别用于不同模块的定位或实现双桌面的拼接，每块定位板上有两个定位孔和两个辅助定位孔，如图 4-6 所示。

每个模块底部都有两个定位销，如本任务使用的是平面循迹绘图模块，其底部有两个定位销，如图 4-7 所示。模块通过底部的定位销与定位板上的定位孔配合实现模块的定位。

图 4-6　通用机械接口与定位板　　　　图 4-7　模块底部

3. 激光笔安装

手动将激光笔工具对准工具快速装置主侧，通过按下气动控制板的电磁阀按钮，锁紧激光笔工具，激光笔工具安装方法如下。

Step1：长按气动控制板 YV1 位置按钮，如图 4-8 所示。

Step2：确认快换工具锁紧钢珠为缩回状态，如图 4-9 所示。

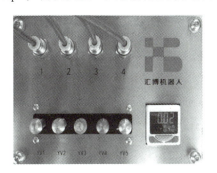

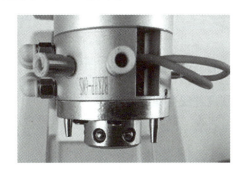

图 4-8　长按气动控制板 YV1 位置按钮　　　图 4-9　锁紧钢珠为缩回状态

Step3：手持激光笔工具并将其安装到机器人末端主盘位置，使机械接口与电气接口对齐。YV1 按钮需保持按下状态，如图 4-10 所示。

Step4：保持手持工具状态，松开 YV1 按钮，按住 YV2 按钮约 1 s，工具锁紧后，松开 YV2 按钮，如图 4-11 所示。

 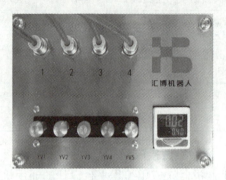

图 4-10　YV1 按钮按下状态　　　　图 4-11　保持手持工具状态

4. 平面绘图模块安装

将平面循迹绘图模块底部的两个定位销插入定位板的两个定位孔，按照图 4-12 所示位置，将平面循迹绘图模块安装到平台上机器人正前方位置。

图 4-12　平面循迹绘图模块安装

二、程序编写

1. 创建并保存程序

Step1：在"任务与程序"窗口单击"文件"按钮，选择"新建程序"，如图 4-13 所示。

图 4-13　新建程序界面

Step2：在弹出的窗口中单击"不保存"按钮，新程序创建完成，如图 4-14 所示。

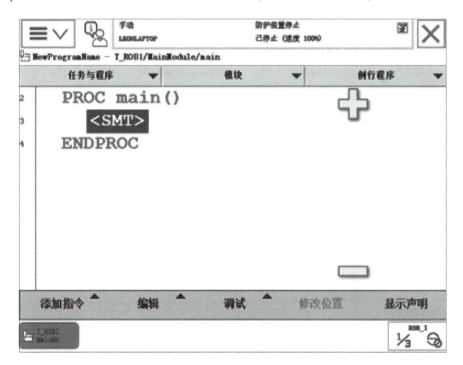

图 4-14　新程序创建完成界面

Step3：再次打开"任务与程序"界面，单击"文件"按钮，选择"另存程序为"命

令，在弹出的系统提示窗口单击"确定"按钮，如图4-15所示。

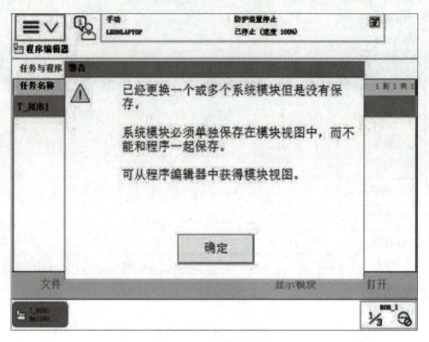

图4-15　系统提示窗口

Step4：单击"主页"按钮，输入程序名称为"L1P2P1"，然后单击"确定"按钮，如图4-16所示。

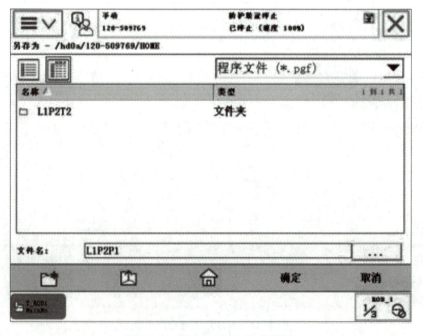

图4-16　新建 L1P2P1 程序界面

Step5：在"任务与程序"界面（见图4-17），单击"显示模块"按钮，进入"模块"界面。

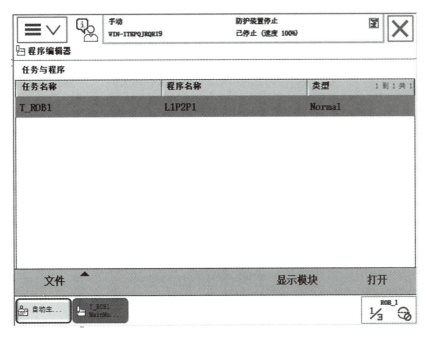

图4-17　模块界面

Step6：在"模块"界面，选中"程序模块"（见图4-18），单击"显示模块"按钮进入程序编辑器。

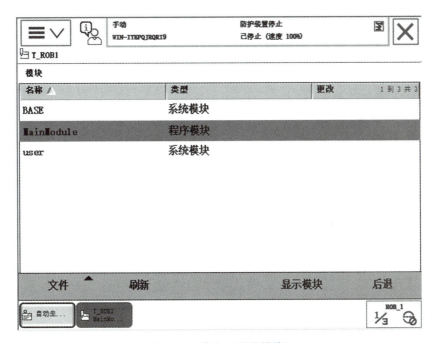

图4-18　选中"程序模块"

2. 编制圆弧与直线轨迹程序

Step1：将机器人移动到任务起始点位置，如图 4-19 所示。

编制圆弧与
直线轨迹程序

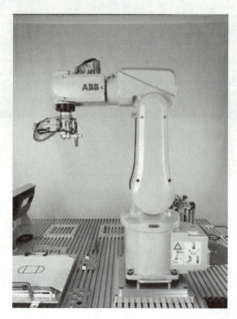

图 4-19　起始点位置

Step2：在程序编辑器中，单击"添加指令"按钮，在右侧指令"Common"栏，选中"MoveAbsJ"指令，如图 4-20 所示。

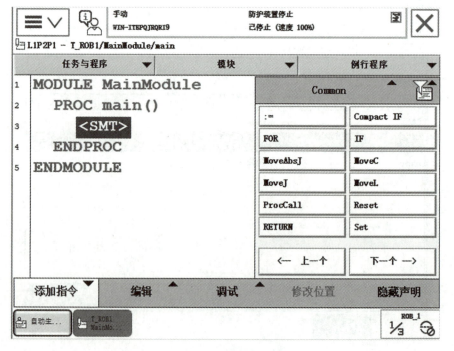

图 4-20　程序编辑器界面

Step3：在添加完成的 MoveAbsJ 指令中，选中"＊"，单击该位置，如图 4-21 所示。

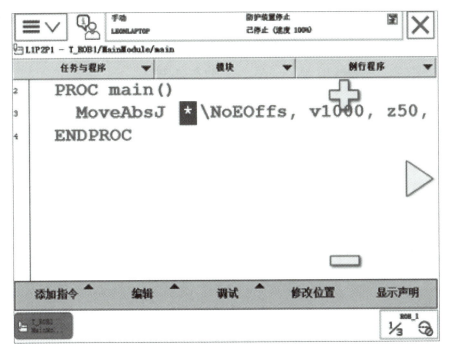

图 4-21　添加 MoveAbsJ 指令界面

Step4：单击"新建"创建位置变量，如图 4-22 所示。

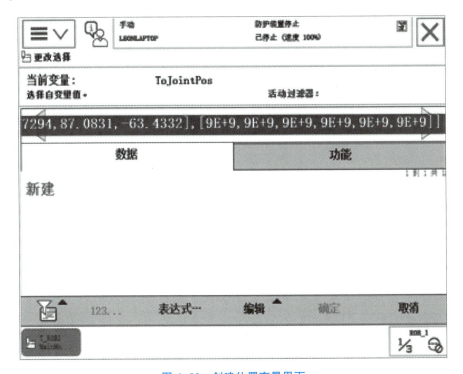

图 4-22　创建位置变量界面

Step5：修改位置变量名称为"jpos10"，单击"确定"按钮，如图4-23所示。

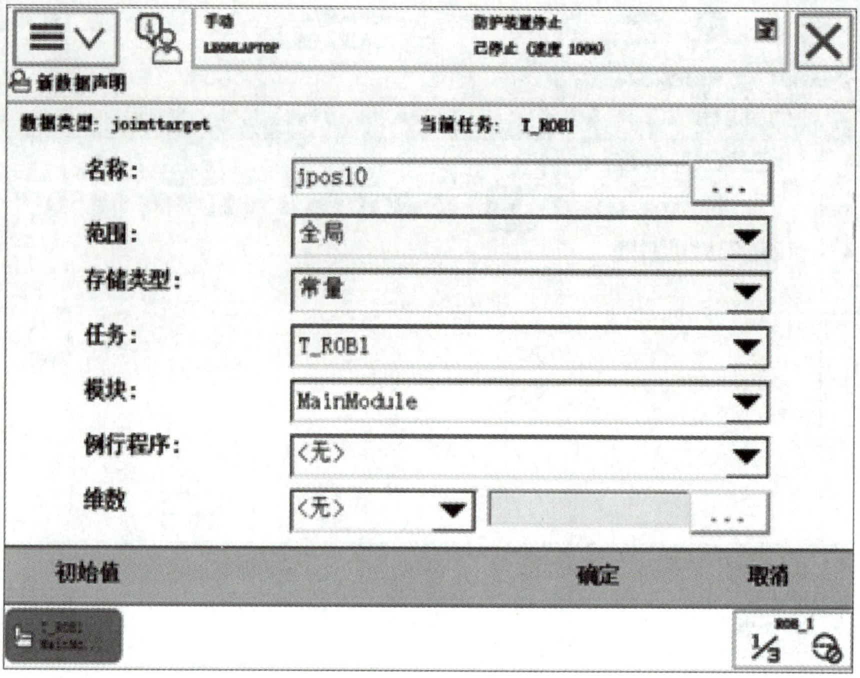

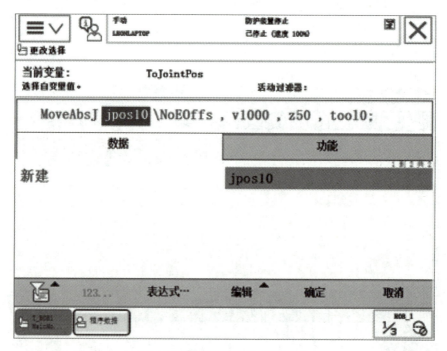

图4-23　修改位置变量

Step6：再次单击"确定"按钮进行保存，并返回程序编辑器，如图4-24所示。

图4-24　保存后返回程序编辑器

3. 使用 MoveJ 指令记录切割开始点

Step1：将机器人移动到切割开始点上方约 50 mm 位置，如图 4-25 所示。

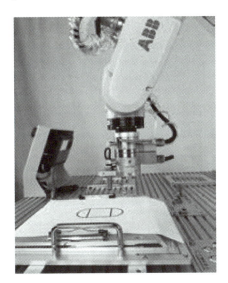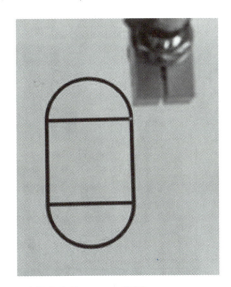

图 4-25　将机器人移动到切割开始点上方约 50 mm 位置

Step2：添加 MoveJ 指令，在弹出的窗口中单击"下方"按钮，即为在当前指令的下方添加指令，如图 4-26 所示。

图 4-26　添加 MoveJ 指令

Step3：选中"＊"，再次单击该"＊"的位置，如图 4-27 所示。

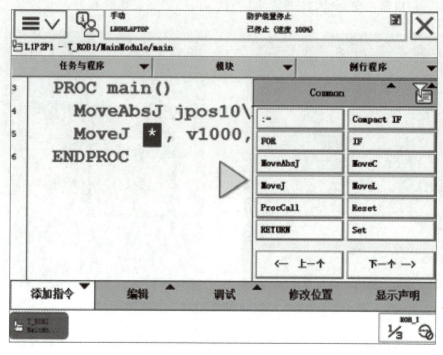

图 4-27　选中"＊"

Step4：单击"新建"创建位置变量，如图 4-28 所示。

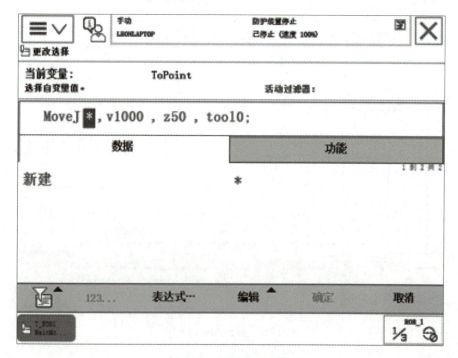

图 4-28　创建位置变量

Step5：修改位置变量为"p10"，单击"确定"按钮返回程序编辑窗口，如图4-29所示。

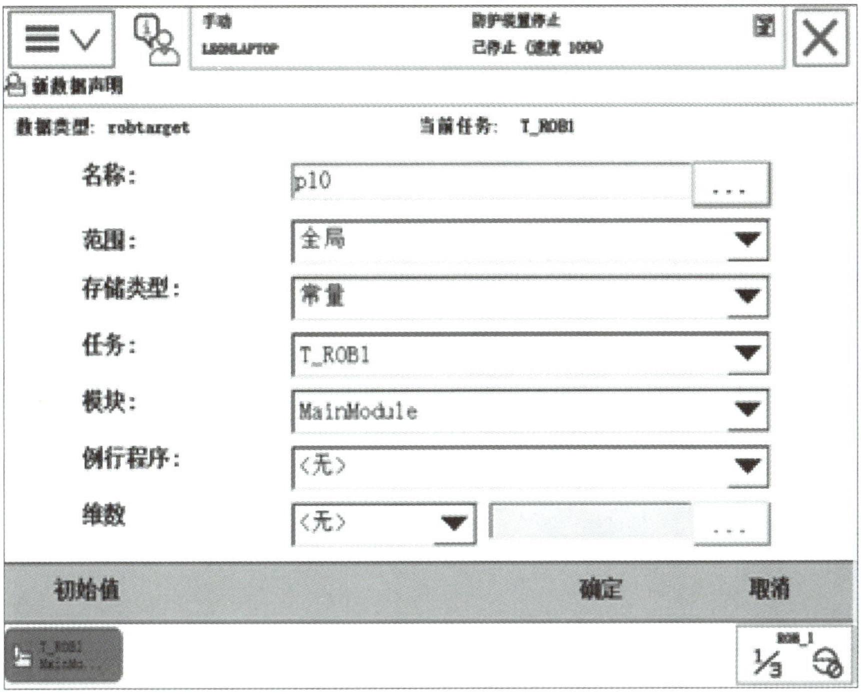

图 4-29　修改位置变量为"p10"

4. 用 MoveL 指令记录第一条直线

Step1：将机器人移动到第一段直线末端点，如图4-30、图4-31所示。

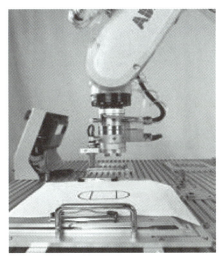

图 4-30　机器人移动到第一段
直线末端点侧视图

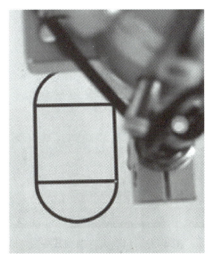

图 4-31　机器人移动到第一段
直线末端点俯视图

Step2：添加 MoveL 指令，自动生成位置变量 p20，如图 4-32 所示。

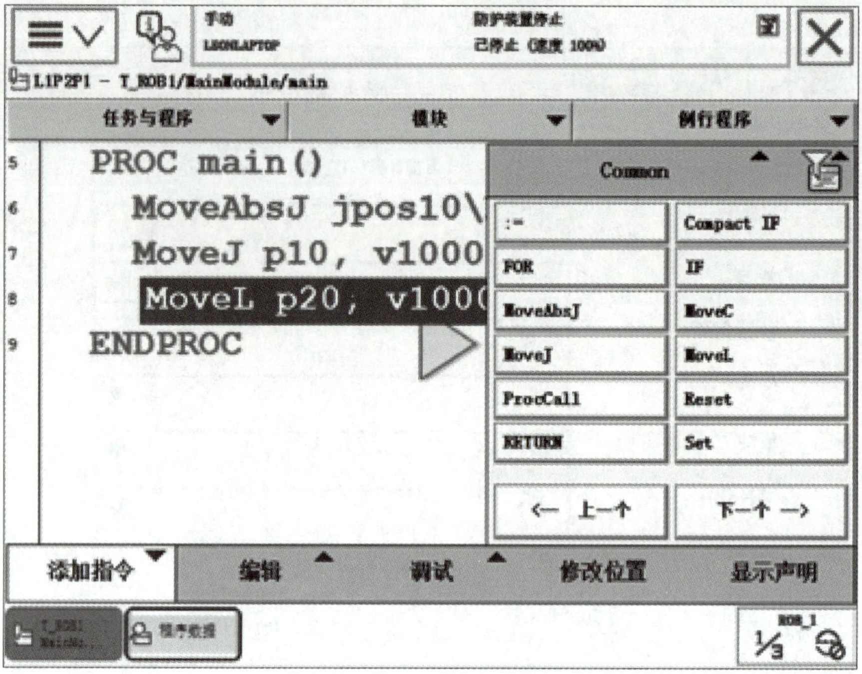

图 4-32　添加 MoveL 指令

5. 使用 MoveC 指令记录第一段圆弧

Step1：将机器人移动到第一段圆弧中间点，如图 4-33、图 4-34 所示。

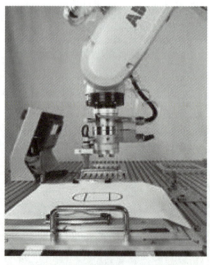

图 4-33　机器人移动到第一段
圆弧中间点侧视图

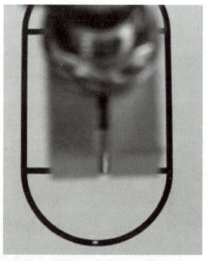

图 4-34　机器人移动到第一段
圆弧中间点俯视图

4

Step2：添加 MoveC 指令，MoveC 指令中自动生成两个位置变量 p30 和 p40，如图 4-35 所示。

图 4-35　添加 MoveC 指令

Step3：将机器人移动到第一段圆弧末端点，如图 4-36、图 4-37 所示。

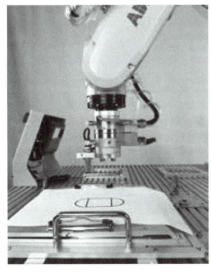

图 4-36　机器人移动到第一段
圆弧末端点侧视图

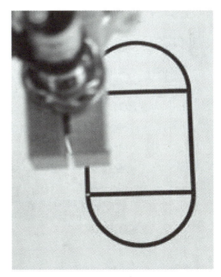

图 4-37　机器人移动到第一段
圆弧末端点俯视图

Step4：选中 p40，单击"修改位置"按钮，在弹出的窗口中单击"修改"按钮确认，如图 4-38 所示。

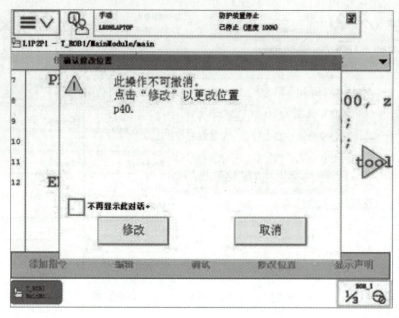

图 4-38　p40 修改位置确认窗口

编制激光切割
运动程序

6. 编制封闭轨迹程序

Step1：将机器人移动到第二段直线末端点，使用 MoveL 指令记录，如图 4-39 所示。

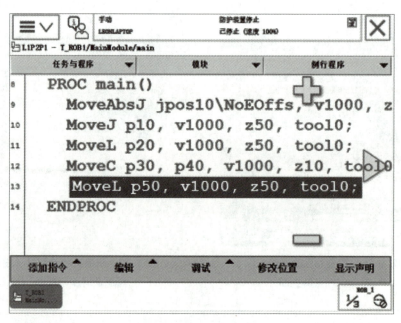

图 4-39　MoveL 指令记录

Step2：将机器人移动到第二段圆弧中间点，使用 MoveC 指令记录，如图 4-40 所示。

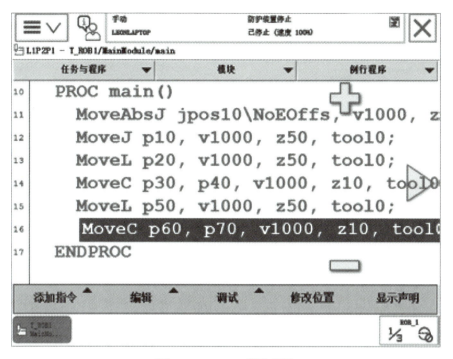

图 4-40　MoveC 指令记录

Step3：将末端点自动生成的位置变量 p70 更改为 p10，如图 4-41 所示。

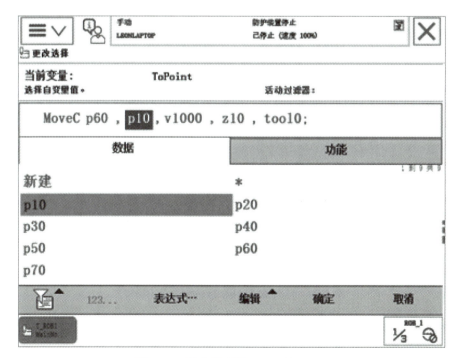

图 4-41　将位置变量 p70 更改为 p10

Step4：添加 MoveAbsJ 指令，将自动生成的位置变量 jpos20 更改为 jpos10，如图 4-42、图 4-43 所示。

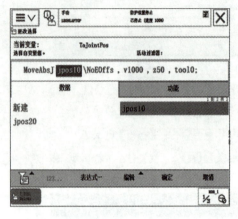 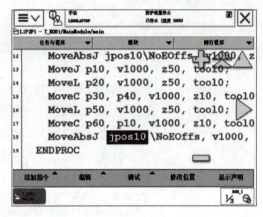

图 4-42　将位置变量 jpos20 更改为 jpos10　　　　　图 4-43　添加 MoveAbsJ 指令

7. 指令参数修改

Step1：选中 MoveAbsJ 指令中速度参数 "v1000" 并单击进入更改选择窗口，将其更改为 "v150"，如图 4-44 所示。

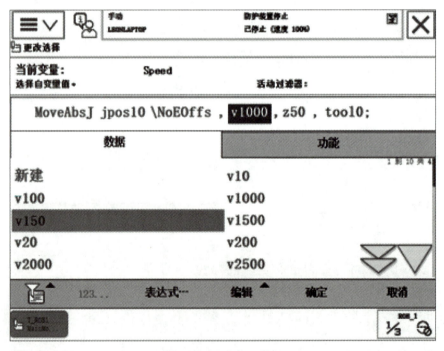

图 4-44　修改速度参数 "v1000" 为 "v150"

Step2：选中 z50，将其更改为 "fine"，如图 4-45 所示。完成后单击 "确定" 按钮返回程序编辑器。

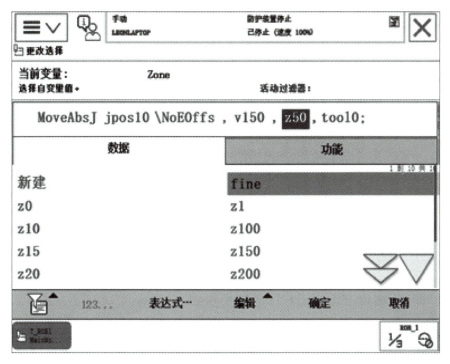

图 4-45　将"z50"更改为"fine"

Step3：使用相同方法更改其他指令的对应参数，如图 4-46 所示。

图 4-46　更改其他指令的对应参数

8. 激光切割运行程序

激光切割程序，如表4-2所示。

表4-2　激光切割程序

序号	程序	程序说明
1	MoveAbsJ jpos10 \ NoEoffs, v150, fine, tool0;	工业机器人返回原点
2	MoveJ p10, v150, fine, tool0;	关节方式到达 p10 点
3	MoveL p20, v150, fine, tool0;	直线方式到达 p20 点
4	MoveC p30, p40, v150, fine, tool0;	圆弧方式到达 p20→p30→p40
5	MoveL p50, v150, fine, tool0;	直线方式到达 p50 点
6	MoveC p60, p10, v150, fine, tool0;	圆弧方式到达 p50→p60→p10
7	MoveAbsJ jpos10 \ NoEoffs, v150, fine, tool0;	工业机器人返回原点

三、加载和运行激光切割程序

加载和运行
激光切割程序

加载并运行给定的激光切割程序，认识机器人程序编辑器界面，掌握工业机器人运行模式，熟悉程序指令的参数，并能根据任务要求，修改指令的位置参数。主要包括以下内容：

（1）手动模式加载机器人运行程序。

（2）手动运行和调试机器人运行程序。

（3）修改程序指令的位置参数。

1. 程序指针

在 ABB 机器人的程序编辑器界面，程序指针（PP）以箭头形式显示在程序行序号位置。光标在程序编辑器中的程序代码处以蓝色突出显示，可显示一行完整的指令或一个变元，如图4-47所示。

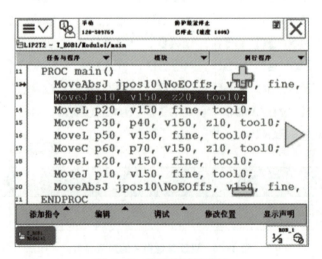

图4-47　程序指针及光标

　　无论使用哪种方式启动，程序都将从程序指针（PP）位置执行。因此，启动程序前，需要将程序指针指向需要启动的程序行。

　　程序启动并非每次都从首行开始，根据实际情况可能从中间开始，因此，系统提供了多种指定程序指针位置的方法。

　　ABB 机器人系统有三种方式设置程序指针，分别是"PP 移至 Main""PP 移至光标"和"PP 移至例行程序"，如图 4-48 所示。

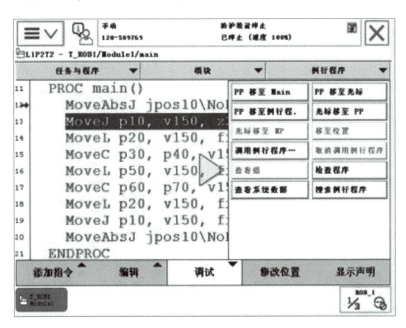

图 4-48　调试菜单

　　（1）PP 移至 Main。机器人程序与计算机程序类似，都有一个程序开始入口。在系统中，这个程序入口为"例行程序 Main"的首行。因此，"PP 移至 Main"就相当于将程序指针位置设为首行。只是这个"首行"是逻辑上的，对应程序行的序号不是"1"。

　　（2）PP 移至光标。先选中需要设置程序指针处，使其高亮显示，然后单击"PP 移至光标"，使程序指针移动到光标所在程序行。

　　（3）PP 移至例行程序。如果需要从其他例行程序启动，单击"PP 移至例行程序"进入例行程序，选择指定启动的程序，然后再使用"PP 移至光标"功能指定程序指针位置。

　　工业机器人的运行模式有手动运行、自动运行、外部自动运行三种方式。因此，可根据需要选择机器人的运行方式。

　　（1）手动运行。在操作工业机器人到达任务所需的位置时，需使用手动运行方式操作机器人。在执行程序自动运行前，也需要使用手动运行方式进行程序的调试。手动运行方式主要包括以下两部分：

　　①示教/编程。

　　②在手动运行方式下测试、调试程序。

　　（2）自动运行和外部自动运行。必须配备安全、防护装置，而且它们的功能必须正常。所有人员应位于由防护装置隔离的区域之外。自动运行方式用于不带上级控制系统（PLC）工业机器人，程序执行时的速度等于编程设定的速度，并且手动无法运行机器人。

程序编辑器是 ABB 机器人编辑程序的主要窗口。在示教器触屏左上角单击 ABB 菜单按钮，然后选中"程序编辑器"进入程序编辑窗口，如图 4-49 所示。

程序编辑器界面有多个功能子菜单，分别用于程序管理、指令管理、程序编辑调试等功能，如图 4-50 所示，其中选中的语句显示的是一条机器人运行程序。

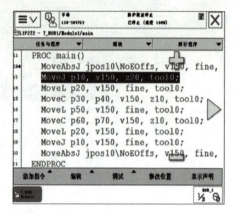

图 4-49　进入程序编辑器　　　　　图 4-50　程序编辑器界面

在机器人运行程序"MoveJ p10，v150，z20，tool0；"中，"p10"是机器人运行的目标点，目标点位置数据包含机器人 6 个关节的电机轴角度，如需修改目标点位置，可在程序编辑器界面，选中需要修改位置的指令，将机器人手动移动到新的目标点，然后单击"修改位置"按钮修改目标点位置。本任务程序中各运动指令对应图形位置，如图 4-51所示。

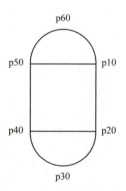

图 4-51　程序运动指令目标点位置

2. 加载程序

Step1：打开"程序编辑器"，单击"任务与程序"栏，单击界面左下角"文件"按钮，在弹出的列表中选择"加载程序"，如图 4-52 所示。

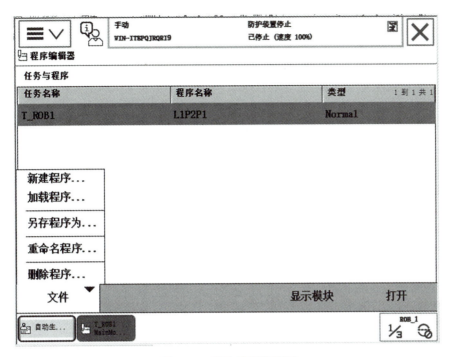

图 4-52　程序编辑器界面

Step2：在弹出的提示窗口中，会提示是否保存程序，此处单击"不保存"按钮，如图 4-53 所示。

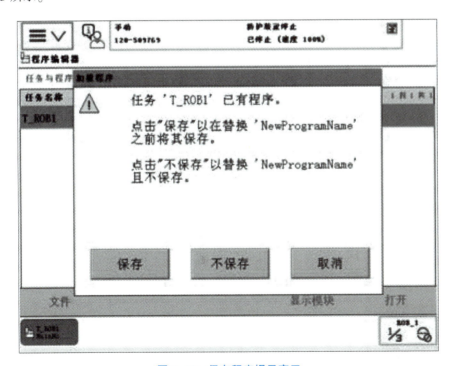

图 4-53　保存程序提示窗口

Step3：进入程序选择界面，单击"主页"按钮，如图4-54所示。

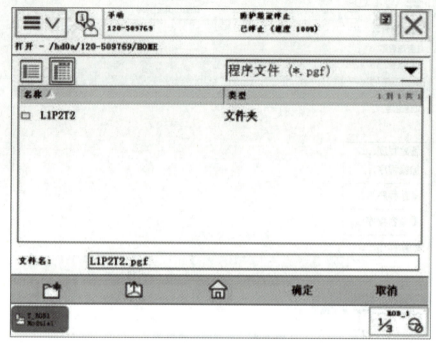

图4-54　主页界面

Step4：选中需要加载的程序文件名"L1P2T2. pgf"，单击"确定"按钮，如图4-55所示。

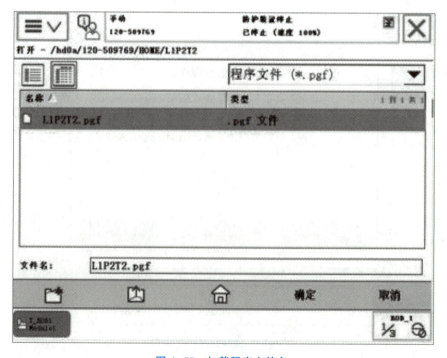

图4-55　加载程序文件名

Step5：等待系统恢复完成后，系统自动重启，如图4-56所示。

图4-56　等待系统恢复界面

3. 手动运行

Step1：确认机器人处于"手动"模式。通过"使能"按键使能机器人，确认状态栏显示"电机开启"，如图4-57所示。

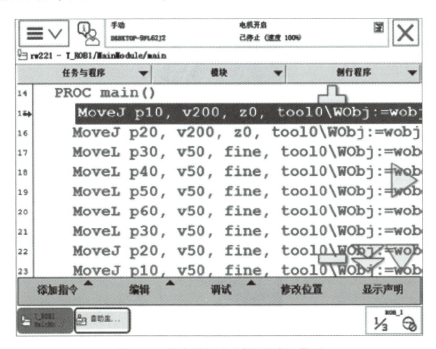

图4-57　状态栏显示"电机开启"界面

Step2：单击"调试"按钮，在弹出的菜单中选择"PP 移至 Main"选项，使程序指针移至首行，如图 4-58 所示。

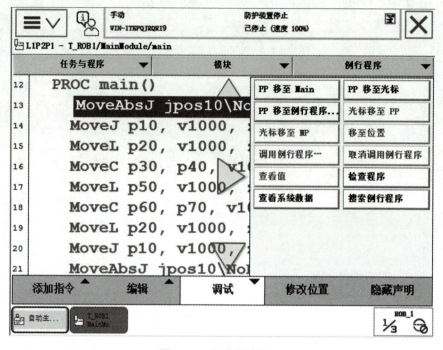

图 4-58　程序调试界面

Step3：单击可编程键 1 打开激光笔。单击示教器上"启动"按键，启动机器人程序，如图 4-59 所示。如果需要停止程序运行，单击"停止"按键。

图 4-59　示教器上按键

4. 位置修正

Step1：选中指令要修改的目标点 p10，如图 4-60 所示。

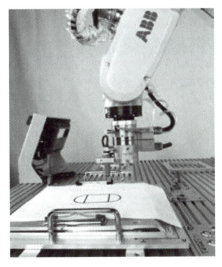

图 4-60　修改目标点 p10

Step2：手动操作机器人至新的目标点位置，如图 4-61、图 4-62 所示。

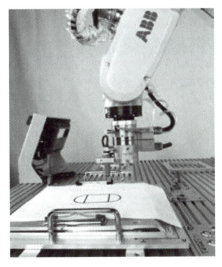

图 4-61　机器人新的目标点位置

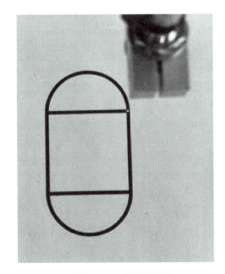

图 4-62　绘图界面

Step3：单击"修改位置"按钮，如图4-63所示。

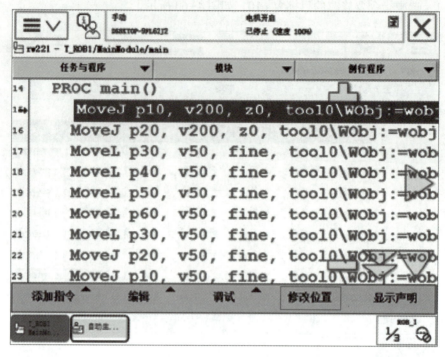

图4-63　修改界面位置

Step4：在弹出的窗口中，单击"修改"按钮，如图4-64所示。

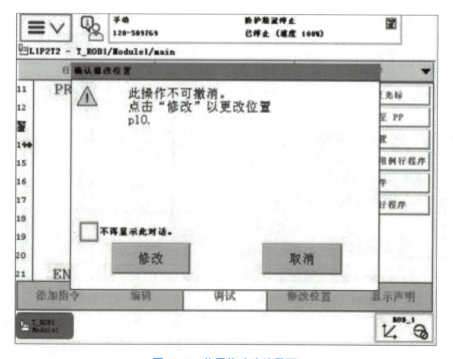

图4-64　位置修改确认界面

四、备份系统及程序

定期对 ABB 工业机器人的数据进行备份，是保证 ABB 工业机器人正常运作的良好习惯。ABB 工业机器人数据备份的对象是所有正在系统内存运行的 RAPID 程序和系统参数。当机器人系统出现错误、重新安装系统或机器人程序被误操作时，可以通过备份数据快速地把机器人恢复到备份时的状态。本任务通过使用外接存储器备份工业机器人程序及系统，掌握工业机器人系统备份、程序及系统数据的导入导出方法。

备份程序
及系统

1. 系统备份命名规则

默认名称构成为"机器人编号"+"Backup"+"备份日期"，如图 4-65 所示，"120-509769_Backup_20191029"即表示编号为"120-509769"的机器人在 2019 年 10 月 29 日的系统备份。通常使用默认名称保存备份即可，如果在同一日需要多次备份的可以额外增加其他注释以此区别。

图 4-65　机器人系统备份

2. 系统恢复及程序导入

每一台机器人有唯一的编号，在进行系统备份时，备份数据具有唯一性，不可将一台机器人的备份恢复到另一台机器人中去，会造成系统故障。但是，机器人的运行程序和 I/O 定义可以做出通用性设定，方便在批量生产使用时，通过导入机器人程序和文件来解决实际需要。因此，在机器人系统出现故障时，先恢复系统，再进行单独的程序导入。

恢复系统的操作步骤如下。

Step1：单击示教器菜单键，选中"备份与恢复"，进入"备份与恢复"窗口，单击"恢复系统"，如图 4-66 所示。

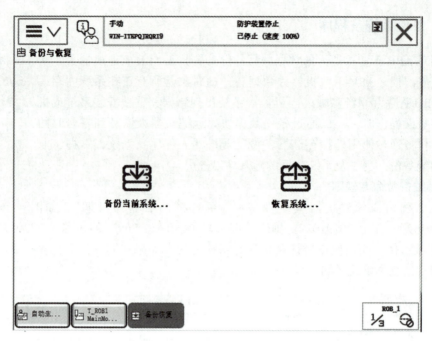

图 4-66 "备份与恢复"界面

Step2：在"恢复系统"界面，单击"…"按钮进入备份路径的选择窗口，如图 4-67 所示。

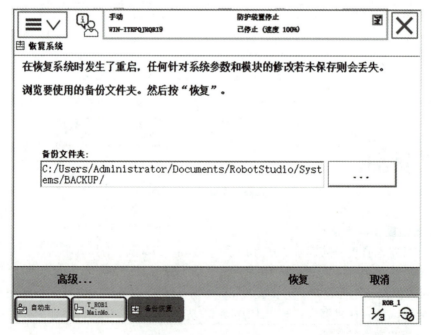

图 4-67 备份路径的选择窗口

Step3：浏览存储器，找到备份 primaryproject2 并打开，单击"确定"按钮，返回"恢复系统"窗口，如图 4-68 所示。

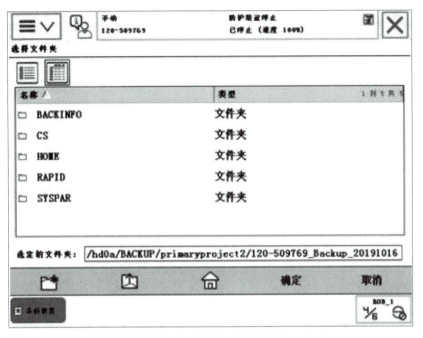

图 4-68　浏览存储器界面

Step4：在"系统恢复"窗口中单击"恢复"按钮，在弹出的系统提示窗口中单击"是"按钮，如图 4-69 所示。

图 4-69　系统恢复提示窗口

项目 4　工业机器人激光切割应用

Step5：等待系统恢复完成后，系统自动重启，如图4-70所示。

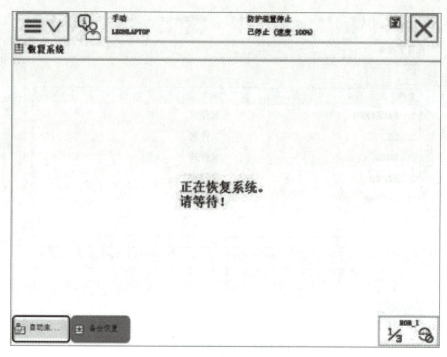

图4-70　等待系统恢复完成界面

3. 备份系统

示教器外接 USB 存储装置，完成 ABB 工业机器人的备份，具体操作步骤如下。

Step1：将 U 盘插入示教器 USB 接口，如图4-71所示。

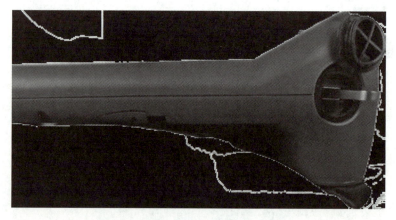

图4-71　将 U 盘插入示教器 USB 接口

Step2：在示教器上单击 ABB 菜单按钮，选择"备份与恢复"，如图4-72所示。

图 4-72　示教器菜单

Step3：进入"备份与恢复"功能选择窗口，单击"备份当前系统"，如图 4-73 所示。

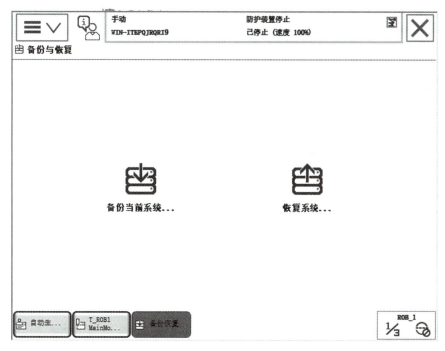

图 4-73　备份与恢复功能选择窗口

Step4：单击"…"按钮进入备份路径选择，如图4-74所示。

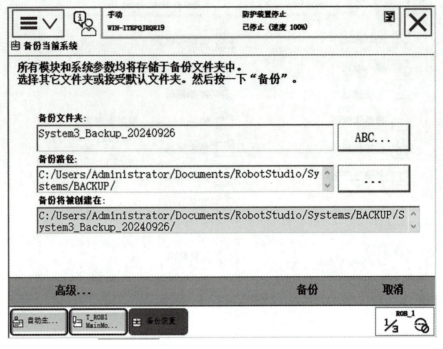

图4-74　备份路径选择窗口

Step5：多次单击"上一级"按钮，出现存储路径选择。选中"/USB"表示备份到U盘，选择"/hd0a"，则表示备份到机器人硬盘，然后单击"确定"按钮，如图4-75所示。

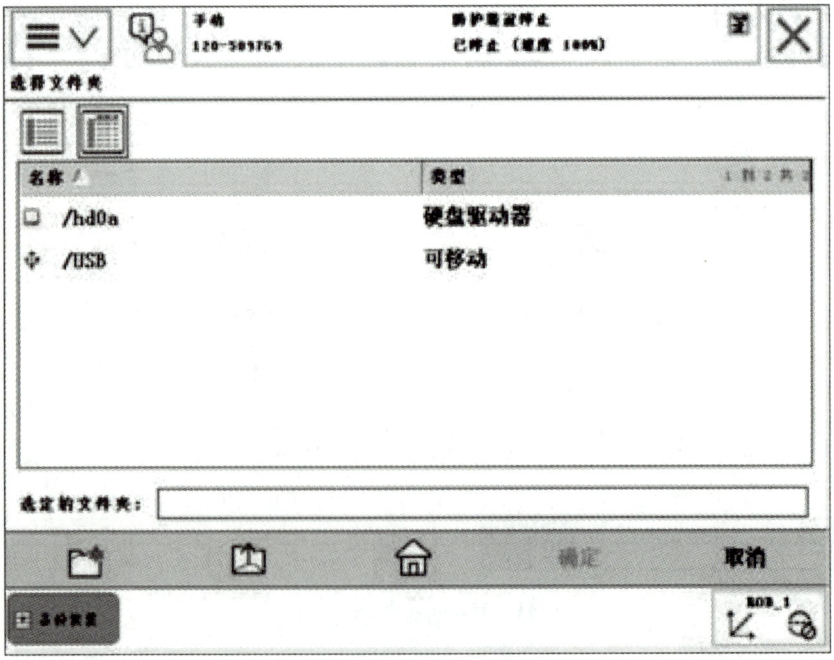

图4-75　存储路径选择窗口

Step6：再次确认备份文件夹存储在 USB，单击"确定"按钮，如图 4-76 所示。

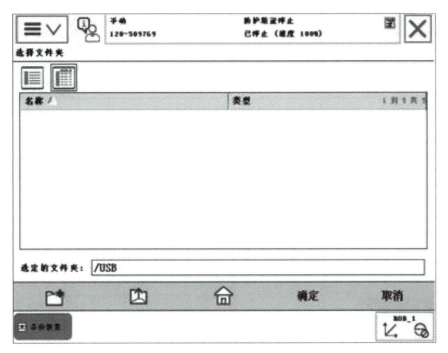

图 4-76　将备份文件夹存储在 USB

Step7：在"备份当前系统"窗口单击"备份"按钮开始备份，如图 4-77 所示。

图 4-77　备份当前系统界面

127

Step8：开始创建备份，如图 4-78 所示，无须任何操作，等待系统备份完成后自动返回系统。

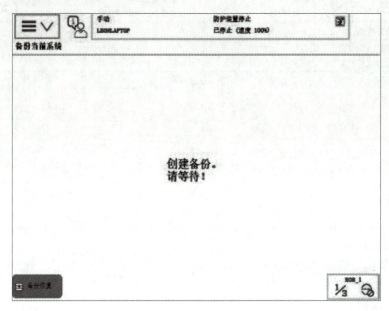

图 4-78　等待系统备份界面

4. 导出程序

示教器外接 USB 存储装置，完成 ABB 工业机器人程序的导出，具体操作步骤如下。

Step1：单击示教器上 ABB 菜单按钮，单击"FlexPendant 资源管理器"，进入资源管理器界面，如图 4-79 所示。

图 4-79　进入资源管理器界面

Step2：单击"主页"按钮直达程序目录，选中需要导出的程序文件夹"L1P2P1"，如图4-80所示。

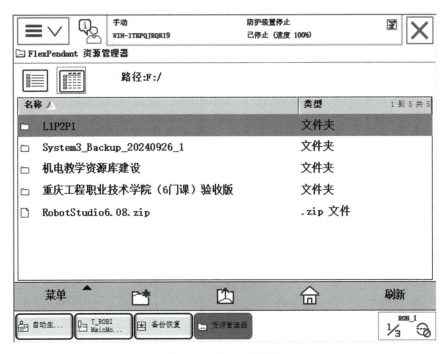

图 4-80　程序目录界面

Step3：单击"菜单"按钮，在弹出的列表中选择"复制"命令，如图4-81所示。

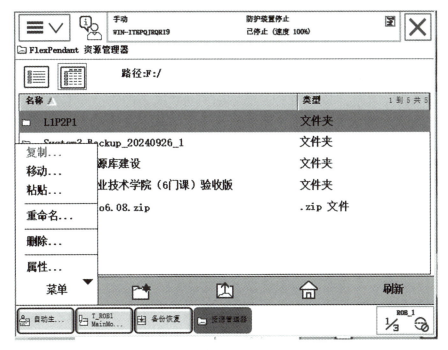

图 4-81　选择"复制"命令

Step4：单击上一级菜单，找到 U 盘根目录所在路径/USB，进入路径，如图 4-82 所示。

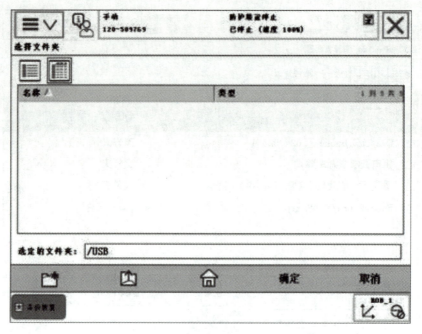

图 4-82　找到 U 盘根目录所在路径/USB

Step5：单击"菜单"按钮，在弹出的列表中选择"粘贴"命令完成程序导出，如图 4-83 所示。

图 4-83　选择"粘贴"命令

评价与总结

根据任务完成情况，填写评价表，如表4-3所示。

表4-3 任务评价表

任务：工业机器人激光切割应用			实习日期：				
姓名：	班级：		学号：		导师签字：		
自评：□熟练 □不熟练	互评：□熟练 □不熟练		师评：□合格 □不合格				
日期：	日期：		日期：		日期：		
序号	评分项	得分条件	配分	评分要求	自评	互评	师评
1	认知能力	作业1：工业机器人激光切割的组成 □1. 能正确安装激光笔快换装置 □2. 能正确指认YV1~YV5按钮 □3. 能正确进行椭圆图形的程序编写 □4. 能正确加载和运行激光切割程序 作业2：备份系统及程序 □1. 能正确完成系统备份命名规则 □2. 能正确完成系统恢复及程序导入 □3. 能正确完成备份系统 □4. 能正确完成导出程序	65	未完成1项扣4.5分，扣分不得超过65分	□熟练 □不熟练	□熟练 □不熟练	□合格 □不合格
2	叙述能力	□1. 能正确叙述加载和运行程序 □2. 能正确叙述和编写绘图程序	20	未完成1项扣10分，扣分不得超过20分	□熟练 □不熟练	□熟练 □不熟练	□合格 □不合格
3	资料、信息查询能力	□1. 能正确使用维修手册查询资料 □2. 能正确使用用户手册查询资料	10	未完成1项扣5分，扣分不得超过10分	□熟练 □不熟练	□熟练 □不熟练	□合格 □不合格
4	表单填写与报告的撰写能力	□1. 字迹清晰 □2. 语句通顺 □3. 无错别字 □4. 无涂改 □5. 无抄袭	5	未完成1项扣1分，扣分不得超过5分	□熟练 □不熟练	□熟练 □不熟练	□合格 □不合格
		总分					

拓展练习

一、填空题

1. 工具快换装置一般包括_____和_____两部分，工业机器人用的激光笔安装在工具快换装置的_____。

2. 工业机器人激光切割系统主要由_____、_____、_____、_____、_____组成。

3. 气动控制采用_____作为传输信号或执行机制的动力。

4. ABB 工业机器人示教器上有_____个可编程按键，作用是_____。

5. 为了确保安全，使用示教器手动运行工业机器人时，最高速度限制为_____。

6. ABB 机器人程序启动从_____位置执行。

7. 程序指针与_____必须指向同一行指令，机器人才能正常启动。

8. ABB 机器人有_____、_____、_____三种方式设置程序指针。

9. 如果需要从其他例行程序启动，需要首先将程序指针移动至_____。

10. ABB 示教器上程序启动按键分别表示_____、_____、_____、_____。

11. 程序语句"MoveJ phome, v200, z5, tool0;"中，_____表示位置。

12. 在调试程序时，先应该进行_____调试，然后再进行连续运行调试。

13. ABB 机器人的程序指令中 MoveJ 指令指的是_____。

14. ABB 机器人直线插补的指令和功能是_____。

15. 程序语句"MoveJ phome, v200, z5, tool0;"中，v200 表示_____，z5 表示_____，tool0 表示_____。

16. _____指令用于将机器人各轴移动至指定的绝对位置（角度），其运动模式与 MoveJ 指令类似。

17. _____用于将机器人末端点沿直线移动至目标位置，当指令目标位置不变时也可用于调整工具姿态。

18. 工业机器人备份可以保存所有_____、_____、_____。

19. 用 U 盘备份系统时，可以将 U 盘插入_____或_____。

20. 备份文件以目录形式存储时，默认目录名后缀为_____。一般存储在系统的目录中，包含_____、_____、_____等内容。

21. 定期对工业机器人的_____，是保证工业机器人正常运作的良好习惯。

22. 每一台机器人有唯一的编号，在进行系统备份时，备份数据具有_____性，不可将一台机器人的备份恢复到另一台机器人中去，会造成系统故障。

23. ABB 工业机器人数据备份默认名称构成为"_____"+"_____"+"_____"。

二、选择题

1. 光电开关的接收器根据所接收到的光线强弱对目标物体实现探测，产生（　　　）。

A. 开关信号　　　　　　　　　　B. 压力信号

C. 警示信号　　　　　　　　　　D. 频率信号

2. 机器人自动运行过程中，按下示教器上的急停按钮，机器人停止运动，此时若要恢复机器人的运动,无须进行 (　　) 操作。

    A. 旋开急停按钮　　　　　　　　　B. 伺服上电

    C. 按下开始键　　　　　　　　　　D. 断电重启

3. 对机器人进行示教时,示教器上手动速度为 (　　)。

    A. 高速　　　　　　　　　　　　　B. 微动

    C. 低速　　　　　　　　　　　　　D. 中速

三、实操题

1. ABB 工业机器人需要实现如图 4-84 所示的运动轨迹,程序点 1 为起点,程序点 6 为终点,请设计合理的机器人程序并详细说明编程思路和过程。

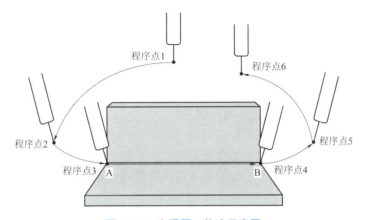

图 4-84　实操题 1 轨迹示意图

2. 手动安装激光笔工具,利用 ABB 工业机器人进行现场示教编程,完成如图 4-85 所示零件的模拟激光切割。

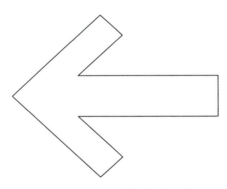

图 4-85　实操题 2 模拟切割示意图

3. 手动安装激光笔工具,利用 ABB 工业机器人进行现场示教编程,完成如图 4-86 所示零件的模拟激光切割。

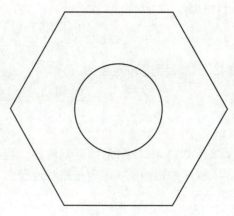

图 4-86　实操题 3 模拟激光切割示意图

四、简答题

1. 简述 ABB 工业机器人系统备份步骤。

2. 简述 ABB 工业机器人系统还原步骤。

3. 什么是机器人工具快换装置？

4. 机器人工具快换装置的优点是什么？

5. 工业机器人激光切割相比传统的激光切割有哪些优点？

项目 5　　工业机器人模拟焊接

任务　工业机器人模拟焊接

任务描述

　　焊接是工业机器人的典型应用场景之一，焊接工艺对运动轨迹中工业机器人的位置和姿态有特殊要求。本任务通过对模拟焊接程序的设计预编制，使学习者提高精确控制机器人运动轨迹的能力，掌握标定及应用工具坐标系的方法，并能够合理设计程序结构以提高程序的易读性和维护便捷性。

任务目标

　　1. 了解焊接的定义和分类；
　　2. 了解焊接机器人和焊枪；
　　3. 了解 RAPID 语言和 RAPID 数据；
　　4. 了解 ABB 工业机器人的程序结构；
　　5. 了解 ABB 工业机器人 Zonedata 原理；
　　6. 培养崇尚宪法、遵法守纪、崇德向善、诚实守信、尊重生命、热爱劳动，履行道德准则和行为规范，具有社会责任感和参与意识；
　　7. 培养较强的集体意识和团队合作精神；
　　8. 培养勇于奋斗、乐观向上，具有自我管理能力、职业生涯规划的意识；
　　9. 培养工业机器人焊接操作的质量意识、安全意识、信息素养、工匠精神。

知识准备

5.1　焊接机器人简介

1. 焊接机器人

　　焊接机器人是工业机器人中的一种，是在焊接生产领域代替焊工从事焊接任务的工业机器人。据不完全统计，全世界在役的工业机器人中大约一半的工业机器人用于各种形式的焊接加工领域。对焊接作业而言，焊接机器人是能够自动控制、可重复编程、多功能、多自由度的焊接操作机。

目前，在焊接生产中使用的主要是点焊机器人、弧焊机器人、切割机器人和喷涂机器人，其中应用中最普遍的是点焊机器人和弧焊机器人。大多数焊接机器人是由通用的工业机器人装上某种焊接工具而构成的。在多任务环境中，一台机器人甚至可以完成包括焊接在内的抓物、搬运、安装、焊接、卸料等多种任务。机器人可以根据程序要求和任务性质，自动更换机器人手腕上的工具，完成相应的任务。从某种意义上来说，工业机器人的发展历史就是焊接机器人的发展历史。如图 5-1 所示为焊接机器人。

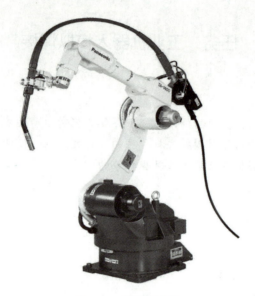

图 5-1　焊接机器人

2. 焊接机器人的优点

（1）稳定和提高焊接质量，且保证其均一性。

（2）提高生产率，一天 24 h 连续生产。

（3）改善工人劳动条件。

（4）降低对工人操作技术的要求。

（5）缩短产品改型换代的准备周期，减少相应设备投资。

（6）可实现小批量产品焊接自动化。

（7）为焊接柔性生产线提供技术基础。

3. 焊接机器人的局限性

（1）必须进行示教作业。

①在机器人进行自动焊接前，操作人员必须示教机器人焊枪的轨迹和设定焊接条件等。

②由于必须示教，所以机器人不面向多品种少量生产的产品焊接。

（2）必须确保工件的精度。

①机器人没有眼睛，只能重复相同的动作。

②机器人轨迹精度为 0.1 mm，以此精度重复相同的动作。

③焊接偏差大于焊丝半径时，有可能焊接不好，所以工件精度应保持在焊丝半径之内。

4. 弧焊机器人

（1）弧焊机器人的特点。工具中心点（TCP）也就是焊丝端头的运动轨迹、焊枪姿态、焊接参数都要求精确控制，还必须具备一些适合弧焊要求的功能。

（2）弧焊工艺对机器人的基本要求。

①弧焊机器人除在做"之"字形拐角焊或小直径圆焊缝焊接时，其轨迹应贴近示教的轨迹。

②具备不同摆动样式的软件功能，供编程时选用，以便做摆动焊，而且摆动在每一周期中的停顿点处，机器人也应自动停止向前运动，以满足工艺要求。

③还应具有接触寻位、自动寻找焊缝起点位置、电弧跟踪及自动再引弧等功能。

④在弧焊作业中，焊枪应跟踪工件的焊道运动，并不断填充金属形成焊缝。因此运动过程中速度的稳定性和轨迹精度是两项重要指标。

一般情况下，焊接速度取 5~50 mm/s，轨迹精度为±（0.2~0.5）mm，由于焊枪的姿态对焊缝质量也有一定影响，因此，希望在跟踪焊道的同时，焊枪姿态的可调范围尽量大。

（3）弧焊机器人的组成。由焊接机器人、电器控制柜、双立柱变位机、焊接电源、焊枪剪丝机等组成，如图 5-2 所示。

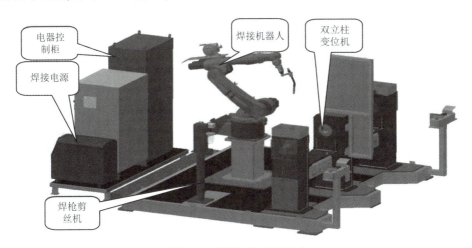

图 5-2 弧焊机器人的组成

5.2 系统组成

1. 焊接

焊接，也称作熔接、镕接，是一种以加热、高温或者高压的方式接合金属或其他热塑性材料如塑料的制造工艺及技术。焊接通过下列三种途径达成接合的目的：

（1）熔焊——加热欲接合的工件使之局部熔化形成熔池，熔池冷却凝固后便接合，必要时可加入熔填物辅助，它是适合各种金属和合金的焊接加工，不需压力。

（2）压焊——焊接过程必须对焊件施加压力，属于各种金属材料和部分金属材料的加工。

（3）钎焊——采用比母材熔点低的金属材料做钎料，利用液态钎料润湿母材，填充接头间隙，并与母材互相扩散实现链接焊件。钎焊适用于各种材料的焊接加工，也适用于不同金属或异类材料的焊接加工。

现代焊接的能量来源有很多种，包括气体焰、电弧、激光、电子束、摩擦和超声波等。如图 5-3 所示为手动电弧焊接。

图 5-3　手动电弧焊接

2. 焊接机器人

焊接机器人是从事焊接（包括切割与喷涂）的工业机器人。焊接机器人就是在工业机器人的末端法兰盘安装焊钳或焊（割）枪，使之能进行焊接、切割或热喷涂。弧焊机器人系统一般包括工业机器人、控制系统、焊接装置、焊件夹持装置，夹持装置上有两组可以轮番进入机器人工作范围的旋转工作台。

焊接机器人的基本工作原理是示教与再现，即由用户导引机器人，一步步按实际任务操作一遍，机器人在导引过程中自动记忆示教的每个动作的位置、姿态、运动参数、焊接参数等，并自动生成一个连续执行全部操作的程序。完成示教后，只需给机器人一个启动命令，机器人将精确地按示教动作，一步步完成全部操作，实现示教与再现。焊接机器人分弧焊机器人和点焊机器人两大类，如图 5-4（a）为弧焊机器人，如图 5-4（b）为点焊机器人。机器人焊接工作站如图 5-5 所示。

（a）　　　　　　　　　　　　　　　　（b）

图 5-4　焊接机器人

（a）弧焊机器人；（b）点焊机器人

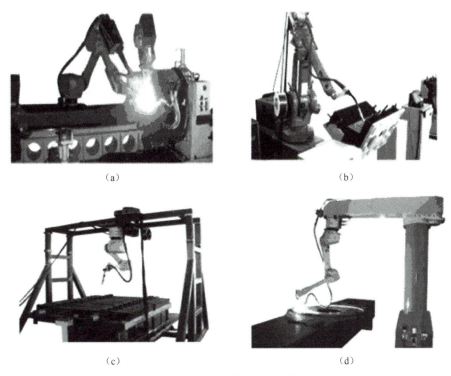

（a） （b）

（c） （d）

图 5-5　机器人焊接工作站

（a）车桥机器人焊接工作站；（b）开关柜壳体焊接工作站；

（c）悬挂式机器人焊接工作站；（d）工程机械行业焊接工作站

3. 焊枪

焊枪是焊接过程中执行焊接操作的部分，用于气焊的工具，其形状像枪，前端有喷嘴，喷出高温火焰作为热源。焊枪是热风焊接的主要设备之一，由加热元件、喷嘴等组成。按其结构有气焊枪、电焊枪和快速焊枪、自动焊枪之分。根据送丝方式的不同，焊枪可分成拉丝式焊枪和推丝式焊枪两类。如图 5-6 所示为工业机器人常用焊枪工具。

图 5-6　焊枪

（1）拉丝式焊枪。

拉丝式焊枪的主要特点是送丝速度均匀稳定，活动范围大，但是由于送丝机构和焊丝都装在焊枪上，所以焊枪的结构比较复杂、笨重，只能使用直径为 0.5~0.8 mm 的细焊进行焊接。

（2）推丝式焊枪。

推丝式焊枪结构简单、操作灵活，但焊丝经过软管时受较大的摩擦阻力，只能采用直径为 1 mm 以上的焊丝进行焊接。

任务实施

一、自动拾取工具程序编写

zonedata
运动指令

（一）zonedata

zonedata 是运动指令中 Zone 参数对应的数据类型，它的各个元素是相关移动的区域数据，而区域数据则描述了所生成拐角路径的大小。zonedata 用于规定如何结束一个位置，即在向下一个位置运动前，工业机器人轴应如何接近编程的位置。

工业机器人在运动过程中，判断其是否按照轨迹规划运动到编程位置，以及如何向下一个编程位置运动，可以停止点或飞越点的形式来终止一个位置。

停止点意味着机械臂和外轴必须在使用下一个指令来继续程序执行之前达到指定位置（静止不动），同时可定义除预定义 fine 以外的停止点。可通过使用 stoppointdata 来操作停止标准，该停止标准用于说明机械臂是否已达到有关点。

飞越点意味着从未达到编程位置，而是在到达该位置之前改变运动方向。可针对各位置定义两个不同的区域（范围）：TCP 路径区域、有关工具重新定位和外轴的扩展区。

一旦达到区域边缘，随即产生角路径（抛物线），一旦 TCP 达到扩展区域，随即开始重新定位，如图 5-7 所示。重新定位工具，以便方位相同，使得区域在停止点编程完毕时位于相同位置。如果区域半径有所增加，则重新定位将更为顺利，且降低速率以实施重新定位的风险会变低。

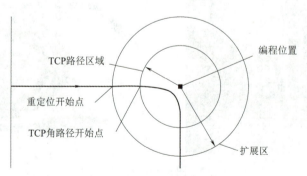

图 5-7 **zonedata** 原理图

如图 5-8（a）所示，显示了三处编程位置，最后一处具有不同的工具方位。

如图 5-8（b）所示，显示了所有位置均为停止点时的程序执行情况。

如图 5-8（c）所示，显示了中间位置为飞越点时的程序执行情况。

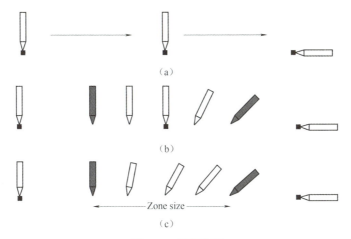

图 5-8　编程位置

（a）三处编程位置情况；（b）所有位置均为停止点情况；（c）中间位置为飞越点情况

通过对停止点和飞越点的运行进行比较，可知使用飞越点运行程序会偏离编程位置。那么，对于一些需要到达精确位置的运行程序来说，必须使用停止点来避免因位置偏移造成的碰撞。

在 ABB 机器人系统中已经预定义了一部分区域数据，使用时直接选择即可。普通用户建议不要自定义区域数据。如图 5-9 所示，定位类型设定为 fine，fine 是预定义的停止点，其他预定义值见表 5-1。

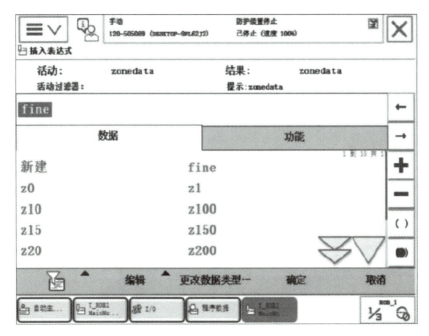

图 5-9　区域数据

表 5-1　预定义值

名称	路径区域			Zone		
	TCP 路径/mm	方向/mm	外轴/mm	方向/（°）	线性轴/mm	旋转轴/（°）
z0	0.3	0.3	0.3	0.03	0.3	0.03
z1	1	1	1	0.1	1	0.1
z5	5	8	8	0.8	8	0.8
z10	10	15	15	1.5	15	1.5
z15	15	23	23	2.3	23	2.3
z20	20	30	30	3.0	30	3.0
z30	30	45	45	4.5	45	4.5
z40	40	60	60	6.0	60	6.0
z50	50	75	75	7.5	75	7.5
z60	60	90	90	9.0	90	9.0
z80	80	120	120	120	120	12
z100	100	150	150	15	150	15
z150	150	225	225	23	225	23
z200	200	300	300	30	300	30

（二）规划拾取工具轨迹——路径规划

工业机器人在自动拾取工具运行时，需要确定几个关键位置点，包括 jpos10 原点位置、p10 过渡点位置、p12 接近点位置和 p13 拾取点位置，其中 jpos10 的位置数据为：（0°，0°，0°，0°，90°，0°），p10、p11、p12 需现场示教，如图 5-10 所示。工业机器人完成从原点位置自动拾取工具的轨迹为：jpos10→p10→p11→p12→p13，工业机器人拾取完工具后自动返回原点位置的轨迹为：p13→p12→p11→p10→jpos10，其中 jpos10→p10 执行的动作方式为关节动作（MoveJ），p10→p11、p11→p12、p12→p11、p11→p10 执行的动作方式为直线动作（MoveL），p10→jpos10 执行的动作为绝对方式关节动作（MoveAbsJ）。

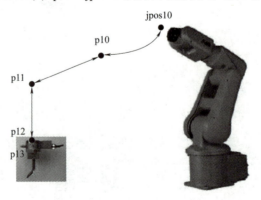

图 5-10　拾取工具轨迹

（三）编制拾取工具程序

创建程序并保存为"L1P3T1"，编写工业机器人自动拾取快换工具的程序如表 5-2 所示。

表 5-2　自动拾取快换工具程序（qu_gongju 程序）

程序行号	程序	程序说明
1	MoveAbsJ　jpos10 \ NoEOffs，v200，fine，tool0；	工业机器人返回原点
2	MoveJ　p10，v200，fine，tool0；	关节方式到达 p10 过渡点
3	MoveL　p11，v200，fine，tool0；	直线方式到达 p11 接近点
4	MoveL　p12，v200，fine，tool0；	直线方式到达 p12 接近点
5	Set　YV2；	置位主盘松开信号
6	Reset　YV1；	复位主盘锁紧信号，YV1 和 YV2 互锁
7	WaitTime　1；	延时 1 s
8	MoveL　p11，v200，fine，tool0；	直线方式到达 p11 接近点
9	MoveJ　p10，v200，fine，tool0；	关节方式到达 p10 过渡点
10	MoveAbsJ　jpos10 \ NoEOffs，v200，fine，tool0；	工业机器人返回原点

（四）手动模式调试拾取工具

1. 强制松开锁紧装置

为防止工业机器人取放工具时发生工具碰撞或掉落，须提前强制松开锁紧机构，手动取下工业机器人末端工具，具体操作步骤如下所示。

Step1：单击 ABB 菜单按钮，选择"输入输出"，如图 5-11 所示。

自动拾取
焊枪工具

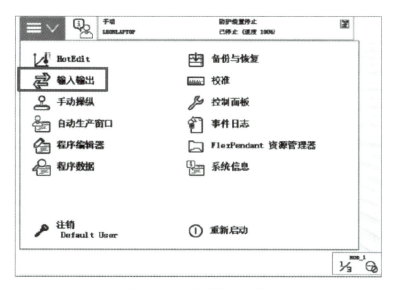

图 5-11　选择"输入输出"

Step2：进入"输入输出"界面，单击右下角"视图"按钮，在弹出的列表中选择"数字输出"，如图 5-12 所示。

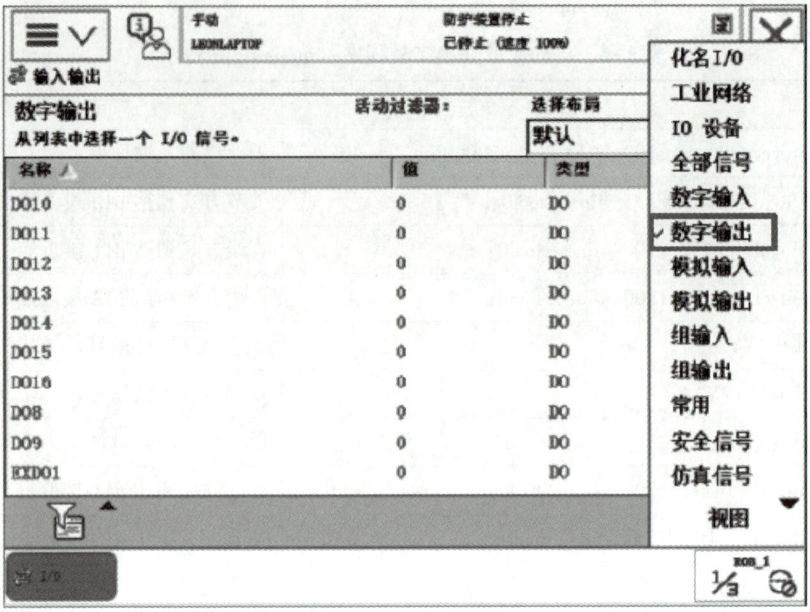

图 5-12　选择"数字输出"

Step3：选中"YV1"，修改 YV1 值为 1，强制输出，松开快换工具主盘锁紧机构，如图 5-13 所示。

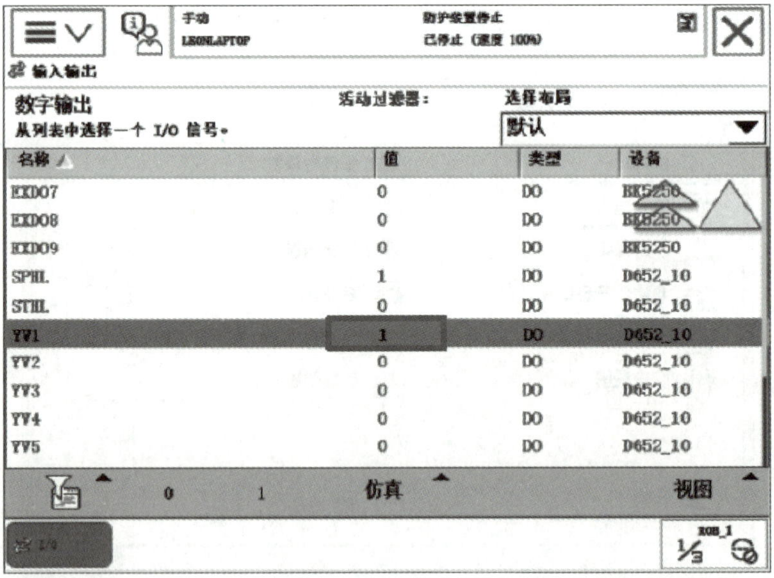

图 5-13　修改 YV1 值为 1

Step4：快换工具主盘钢珠缩回，松开锁紧机构状态，如图 5-14 所示。

图 5-14　主盘钢珠缩回

2. 输入原点位置数据

jpos10 原点位置数据需要用户创建，采用直接输入法，输入数据（0°，0°，0°，0°，90°，0°）并定义为原点位置。具体步骤如下。

Step1：单击 ABB 菜单按钮，单击"程序数据"，如图 5-15 所示。

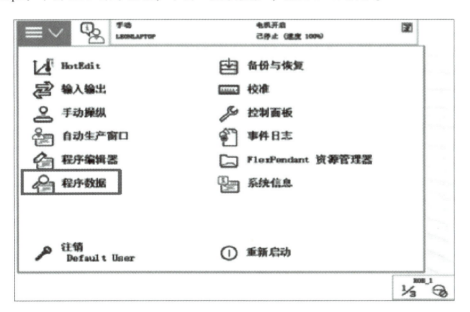

图 5-15　单击"程序数据"

Step2：进入数据类型选择界面，双击"jointtarget"数据类型，如图 5-16 所示。

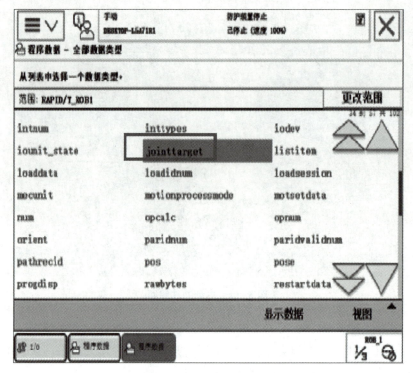

图 5-16 数据类型选择

Step3：在 jointtarget 数据类型界面，单击"新建"按钮，如图 5-17 所示。

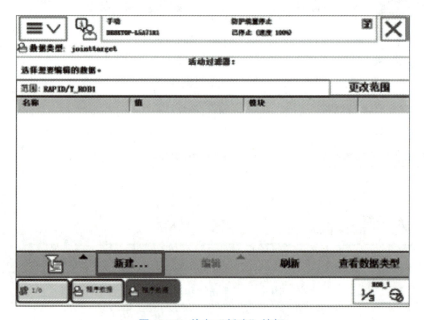

图 5-17 单击"新建"按钮

Step4：弹出 jpos10 数据设定窗口，参数不做修改，单击"确定"按钮，如图 5-18 所示。

图 5-18　jpos10 数据设定窗口

Step5：修改"rax_5"为"90"，单击"确定"按钮，如图 5-19 所示。

图 5-19　修改"rax_5"为"90"

Step6：jpos10 原点数据设定完成，其界面如图 5-20 所示。

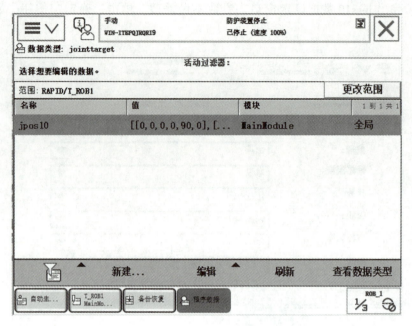

图 5-20 jpos10 原点数据设定完成界面

3. 记录关键位置数据

在工业机器人拾取工具的任务中，主要记录过渡点 p10、接近点 p11 和拾取点 p12 三个关键位置数据。具体操作步骤如下。

Step1：在大地坐标系下将机器人手移动到过渡点 p10（位置自定义），如图 5-21 所示。

Step2：手动移动机器人到工具的拾取位置 p12（主盘与副盘对齐保留约 1 mm 缝隙），如图 5-22 所示，使用 MoveL 指令记录位置，速度设定为"v200"，转弯半径设置为"fine"。

图 5-21 机器人在过渡点 p10 位置

图 5-22 机器人在拾取位置 p12

Step3：在大地坐标系下，机器人沿 *Z* 轴正方向移动约 120 mm，如图 5-23 所示，示教并记录工具拾取接近点 p11。

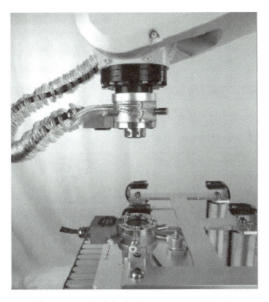

图 5-23　机器人在工具拾取接近点 p11

4. 手动模式调试拾取工具功能

完成关键位置数据输入和记录后，在示教器上将机器人速度设置为 25%，按下伺服开关，单击程序启动按钮，工业机器人执行自动拾取工具程序，完成自动拾取工具并返回原点的任务。

二、工具标定

（一）工具数据

工具数据（tooldata）是工业机器人系统用于描述工具的 TCP、质量、重心等参数的数据，也用于描述新工具坐标系相对于默认工具坐标系的位姿变换。如图 5-24 所示，是选择程序数据类型界面，图 5-25 所示为 tooldata 数据中包含的参数。

工具数据

图 5-24　程序数据类型界面

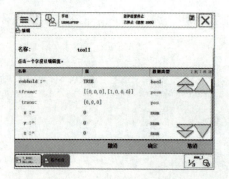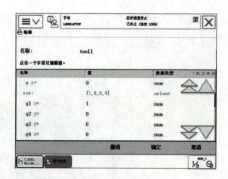

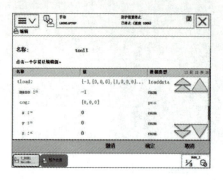

图 5-25　tooldata 数据中包含的参数

工具数据包含多个参数，其数据结构介绍如下。

1. robhold

该参数为单一数据类型，其数据类型为 bool，用于描述工具是否由机器人夹持，即工具是否安装在机器人末端。

2. tframe

tframe 是 tool frame 的缩写，用于描述实际工具坐标系与默认工具坐标系的位姿变换关系，由 trans（位置）和 rot（姿态）两组参数构成。

3. trans

该组包含 x、y、z 共 3 个参数，分别用于描述实际工具末端点与默认工具末端点 X、Y、Z 方向的位置。

4. rot

该组包含 q_1、q_2、q_3、q_4 共 4 个参数，用 4 元数的形式表达实际工具坐标系与默认工具坐标系间的姿态变换。

5. tload

tload 是 tool load 的缩写，用于描述实际工具的重心位姿、惯性矩等参数。

6. mass

工具负载的质量，单位为 kg。

7. cog

该组包含 x、y、z 共 3 个参数，分别用于描述工具负载的重心位置与默认工具末端点 X、Y、Z 方向的位置。

8. aom

该组包含 q_1、q_2、q_3、q_4 共 4 个参数，用 4 元数的形式表达力矩主惯性轴与默认工具坐标系间的姿态变换。

9. i_x，i_y，i_z

围绕力矩惯性轴的惯性矩，单位为 $kg \cdot m^2$。

（二）工具数据定义方法

工具数据定义的基本原理是使用已安装的工具以不同的姿态对准同一个固定点，从而计算出实际工具末端点位置及姿态变换数据，如图 5-26 所示。

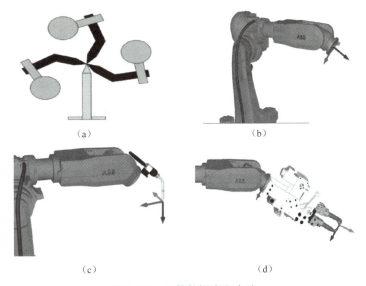

（a）　　　　　　　　　　　　（b）

（c）　　　　　　　　　　　　（d）

图 5-26　工具数据定义方法

（a）工具数据示教姿态；（b）默认 TCP；（c）弧焊工具 TCP；（d）点焊工具 TCP

工具数据的定义需要根据实际情况选择合适的方法和点数。常用的标定工具坐标系方法有："TCP（默认方向）"方法、"TCP 和 Z"方法和"TCP 和 Z，X"方法，如图 5-27 所示。

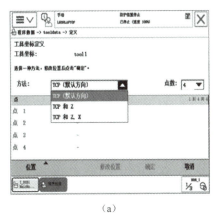
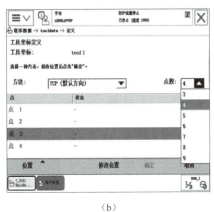

（a）　　　　　　　　　　　　（b）

图 5-27　标定工具坐标系方法

（a）tool1 工具数据标定方法选择；（b）tool1 工具数据标定点数选择

1."TCP（默认方向）"方法

使用"TCP（默认方向）"方法计算得到的工具数据不改变默认工具坐标系方向，仅计算工具的 Z 方向偏移数值，即工具长度。因此，该方法仅适用于工具末端点在 Z 方向延伸的情况。

图 5-27（b）中的点数，是指标定工具坐标系需测定工具末端点示教的不同位姿数，可在 3 到 9 之间选择，默认为 4 点，如图 5-28 所示。理论上点数越多，利用不同的位姿数据计算得到的工具坐标系数据越精确，但在实际操作时，由于示教精度的影响，也并不是选择点数越多计算更精确。

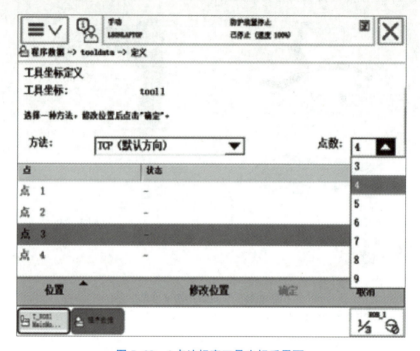

图 5-28　4 点法标定工具坐标系界面

2."TCP 和 Z"方法

"TCP 和 Z"方法是增加了 z 点的定义，以工具末端点与 z 点的连线为工具坐标系的 Z 轴，对应 Z 方向改变的工具。"TCP 和 Z"方法可兼容"TCP（默认方向）"方法，即 Z 方向不变的工具也可用此方法定义工具数据。

3."TCP 和 Z，X"方法

"TCP 和 Z，X"方法是增加了 z 点和 x 点的定义，以工具末端点与 z 点的连线为工具坐标系的 Z 轴，以工具末端点与 x 点的连线为工具坐标系的 X 轴，对应 Z、X 方向改变的工具。"TCP 和 Z，X"方法可兼容其他方法。

创建工具数据

（三）创建工具数据

创建工具数据的操作步骤如下。

Step1：单击 ABB 菜单→"程序数据"，如图 5-29 所示。

Step2：在"程序数据"界面选中工具数据对应的数据类型"tooldata"，

单击"显示数据"按钮，如图 5-30 所示。

图 5-29　菜单界面

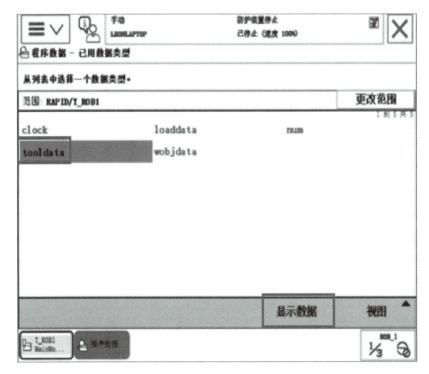

图 5-30　tooldata 显示界面

Step3：在"tooldata"数据管理界面，"tool0"是系统默认工具数据，不可修改。单击"新建"按钮，创建新的工具数据，如图 5-31 所示。

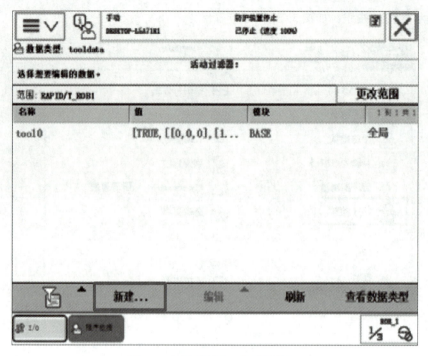

图 5-31　创建新的工具数据界面

Step4：在"tooldata"数据声明界面，修改属性。工具新数据的声明包含名称、范围等属性，如图 5-32 所示。此处不做修改，单击"确定"按钮，返回工具数据界面。

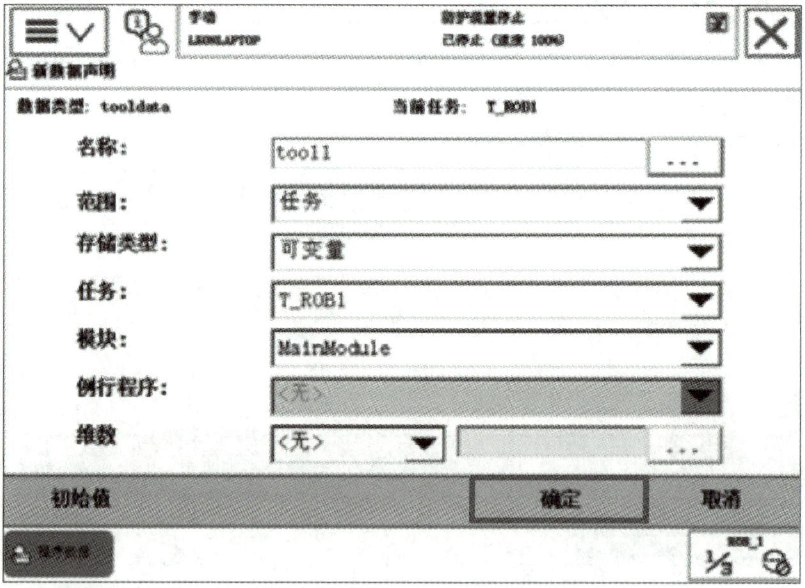

图 5-32　tooldata 数据声明界面

Step5：在"tooldata"数据管理界面，可见创建完成的"tool1"工具数据，如图 5-33所示。

图 5-33　tooldata 数据管理界面

（四）标定工具数据

标定工具数据的操作步骤如下。

Step1：在"tooldata"管理界面，选中新建的工具数据"tool1"，单击"编辑"按钮，在弹出的列表中选择"定义"命令，如图 5-34 所示。

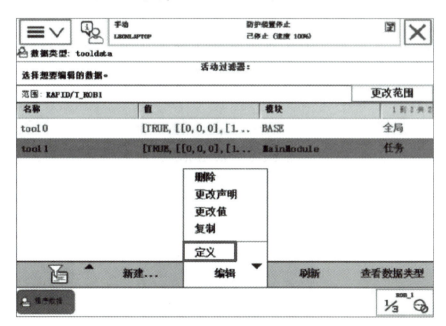

图 5-34　选择"定义"命令

Step2：选择"TCP 和 Z，X"方法，点数使用默认值"4"，如图 5-35 所示。

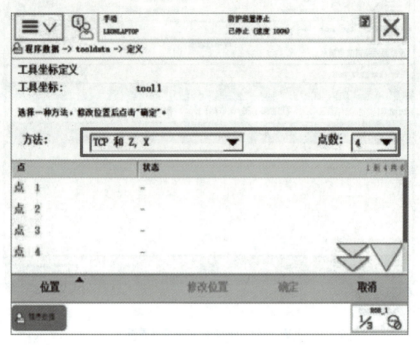

图 5-35　选择"TCP 和 Z，X"方法

Step3：手动操作工业机器人，使工具末端点靠近 TCP 标定辅助工具的尖端，如图 5-36 所示。

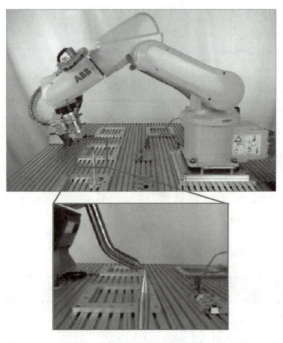

图 5-36　工具末端点靠近 TCP 标定辅助工具的尖端

Step4：选中"点1"，然后单击"修改位置"按钮，确认"点1"对应的"状态"栏显示状态为"已修改"，如图5-37所示。

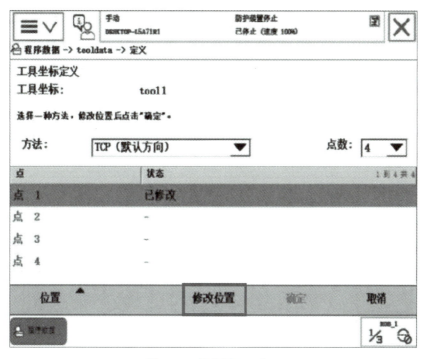

图5-37　状态栏显示窗口

Step5：用同样的操作完成点2的记录。选中"点2"，单击"修改位置"按钮，确认"点2"对应的"状态"栏显示状态为"已修改"。如图5-38所示为机器人在"点2"的记录位置。

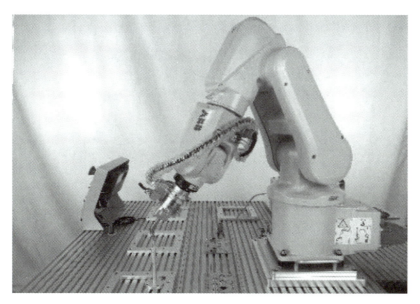

图5-38　机器人在"点2"的记录位置

Step6：用同样的操作完成点 3 的记录。选中"点 3"，单击"修改位置"按钮，确认"点 3"对应的"状态"栏显示状态为"已修改"。如图 5-39 所示为机器人在"点 3"的记录位置。

图 5-39 机器人在"点 3"的记录位置

Step7：用同样的操作完成点 4 的记录。选中"点 4"，单击"修改位置"按钮，确认"点 4"对应的"状态"栏显示状态为"已修改"。如图 5-40 所示为机器人在"点 4"的记录位置。

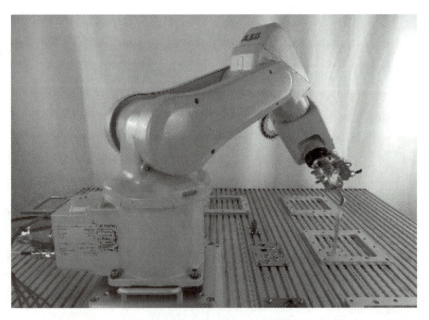

图 5-40 机器人在"点 4"的记录位置

Step8：点 2、3、4 之间的位姿差异要尽可能大。4 个点位置示教后，对应状态均显示"已修改"，如图 5-41 所示。

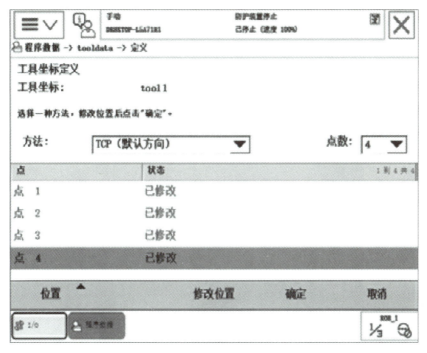

图 5-41　4 个点位置示教后显示

Step9：将工业机器人移至桌面外侧，记录点 x，如图 5-42 所示。该点与辅助标定工具尖点连线为工具坐标系的 X 轴。

图 5-42　工业机器人移至桌面外侧记录点 x

Step10：将工业机器人移至辅助标定工具上方，如图 5-43 所示，记录延伸器点 z，该点与辅助标定工具尖点连线为工具坐标系的 Z 轴。

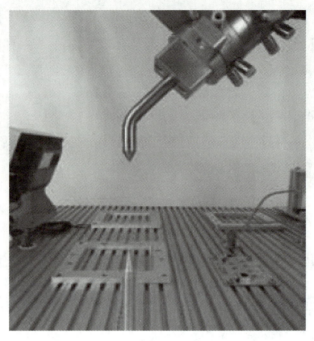

图 5-43　工业机器人移至辅助标定工具上方

Step11：所有点记录完成后，单击"确定"按钮，如图 5-44 所示。弹出窗口提示"是否保存修改的点"，单击"否"按钮。

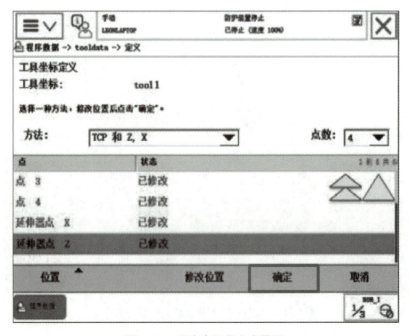

图 5-44　所有点记录完成界面

Step12：自动生成工具数据计算结果，包括计算值的最大、最小误差等。单击"确定"按钮完成标定，如图 5-45 所示。单击"取消"按钮则返回 tooldata 定义界面重新标定。

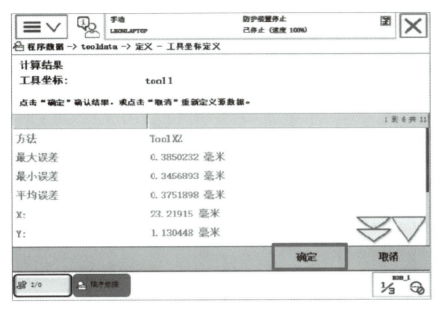

图 5-45　自动生成工具数据计算结果

（五）验证工具数据

工具数据创建并标定完成后，需要验证工具数据的准确性。具体操作步骤如下。

Step1：在基坐标系下将工业机器人模拟焊接工具末端与辅助标定工具对准，如图 5-46 所示。

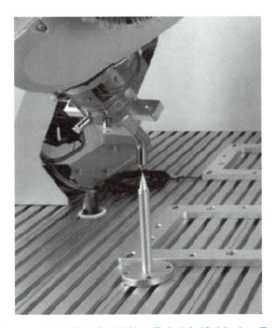

图 5-46　工业机器人模拟焊接工具末端与辅助标定工具对准

Step2：打开"手动操纵"界面，"动作模式"设定为"重定位"，"工具坐标"设定为"tool1"，如图 5-47 所示。

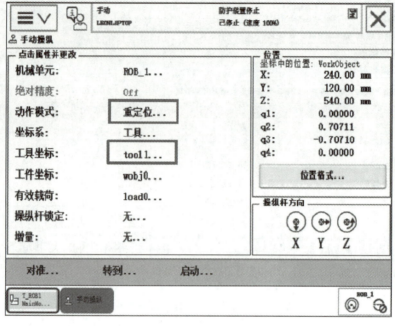

图 5-47　重定位界面

Step3：按下伺服开关，操控示教器操作杆绕 X、Y、Z 三个方向运行，如果工业机器人模拟焊接工具末端始终与辅助标定工具对准，说明工具数据正确，如图 5-48 所示。

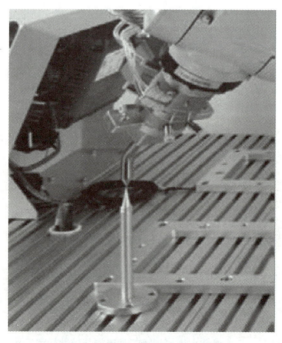

图 5-48　机器人重定位运行画面

三、模拟焊接程序编写

（一）RAPID 语言

RAPID 是 ABB 工业机器人平台使用的语言，具有很强的组合性。程序的编写风格类似于 VB 和 C 语言，但与 Python、C#等面向对象的语言有很多区别。RAPID 语言和高级语言的对比说明如下。

1. 数据格式

C 语言有 Int、String 等数据格式，RAPID 语言也有类似的数据格式，如 Num、DNum 字符串等常用的数据格式。RAPID 有常量（CONST）和变量（PERS，VAR），有全局变量和局部变量，也可预定义变量。

2. 数学表达式

RAPID 和其他编程语言都有完整的数学表达式，除了加、减、乘、除之外，还有取余和取整。另有矢量的加减（Pos-Pos）、矢量的乘法（Pos * Pos Or Pos * N）和旋转的链接（Orient * Orient）。

3. 指令集

RAPID 和一般编程语言，尤其是与 VB 很相似，都有判断（IF，TEST）、循环（FORAND WHILE）、返回（RETURN）、跳转（GOTO）和停止（STOP）等指令，有常用的等待函数 WaitTime、WaitUnti（有条件的等待）、WaitDI 和 WaitDO（等待数字信号）等，还有数据转换指令 StrToByte、ByteToSt、ValToStr 和 StrToVal。

4. 数学公式

RAPID 语言的数学公式有赋值、绝对值（ABS）、四舍五入（ROUND）、平方（Sqrt）和正弦、余弦等，还有欧拉角、4 元素的转换函数（EulerZYX and OrientZYX）和姿态矩阵的运算（PoseMult，PosVect）。

5. 程序函数

RAPID 语言和其他编程语言相似，也有函数，可分为有返回值的函数和没有返回值的函数，返回的数值类型可以由用户自定义，但只能返回一种数据类型，数量也只能是一个，也可采用全局变量、字符串或有多个变量的数值类型作为返回值。例如，要返回三个整数数据，则可以返回一个 Pos 类型。

6. 系统和时间

RAPID 语言有简单的读取系统时间和日期的函数，可用于简单的计时和记录日志时写下日期。

7. 文件操作

RAPID 语言有简单的文件操作，包含的指令有创建文件夹（MakeDir）、删除文件夹（RemeDir）、打开关闭（OpenDir and CloseDir）、复制和检索等。

（二）RAPID 数据

RAPID 数据是在 RAPID 语言编程环境下定义的用于存储不同数据类型信息的数据结构类型。RAPID 语言定义了上百种工业机器人可能用到的数据类型，以及存放编程需要的各种类型常量和变量。另外，RAPID 语言允许用户根据这些已定义好的数据类型，依照实

工业机器人
模拟焊接

项目5 工业机器人模拟焊接

际需求创建新的数据结构类型。

RAPID 数据按照存储类型可分为变量（VAR）、可变量（PERS）和常量（CONTS）。变量在定义时可以赋值，也可以不赋值。

1. 变量 VAR

变量型数据在程序执行的过程中和程序停止时，保持当前的值。但如果程序指针被移到主程序后，则数值会丢失。在工业机器人执行的 RAPID 程序中可以对变量存储类型程序数据进行赋值的操作。

变量应用举例：

```
VAR num length:=0; //名称为 length 的数值型数据,赋值为 0
VAR string name:="John"; //名称为 name 的字符型数据,赋值为 John
VAR bool finish:=FALSE; //名称为 finish 的布尔型数据,赋值为 FALSE
```

2. 可变量 PERS

可变量 PERS 最大的特点是无论程序的指针如何，都会保持最后被赋的值。

可变量应用举例：

```
PRES number:=1; //名称为 number 的数值型数据
PRES stringtest:="hello"; //名称为 hello 的字符型数据
```

在工业机器人执行的 RAPID 程序中也可以对可变量存储类型数据进行复制操作，在程序执行后，赋值的结果会一直保持，直到对其进行重新赋值。

3. 常量 CONST

常量的特点是在定义时已赋予了数值，不能在程序中进行修改，除非手动修改。

常量应用举例：

```
CONST num gravity:=9.81; //名称为 gravity 的数值型数据
CONST string gravity:="hello"; //名称为 gravity 的字符型数据
```

4. 常用 RAPID 数据类型

根据不同的数据用途，可定义不同的数据类型，表 5-3 所示为 ABB 工业机器人系统中常用的数据类型。

表 5-3　ABB 工业机器人系统中常用的数据类型

序号	数据类型	类型说明	序号	数据类型	类型说明
1	bool	布尔量	11	orient	姿态数据
2	byte	整数数据 0~255	12	pos	位置数据（只有 X、Y 和 Z）
3	clock	计时数据	13	pose	机器人轴角度数据
4	dionum	数字输入输出信号	14	robjoint	机器人与外部轴的位置数据
5	extjoint	外部轴位置数据	15	speeddata	机器人与外部轴的速度数据
6	intnum	中断标志符	16	string	字符串
7	jointtarget	关节位置数据	17	tooldata	工具数据
8	loaddata	负荷数据	18	trapdata	中断数据
9	mecunit	机械装置数据	19	wobdata	工件数据
10	num	数值数据	20	zonedata	TCP 转弯半径数据

（三）程序结构

ABB 工业机器人程序结构有 3 个层级，分别为程序、例行程序和模块。程序是描述整个任务的结构，系统一般只能加载 1 个程序运行（多任务需要系统选项支持）。例行程序则是执行具体任务的程序，它是编程的主要对象，是指令的载体。模块是例行程序的管理结构，可以将例行程序按照需要进行分类和组织。

在创建程序时，系统自动生成 3 个模块：BASE、MainModule 和 user 模块，如图 5-49（a）所示。其中 BASE 和 user 为系统模块，BASE 模块禁止用户操作，在 user 模块中，用户可创建例行程序。BASE 和 user 模块为所有程序共用，一般将例行程序存放到程序模块中。除了自动生成的 MainModule 模块，为便于程序管理，用户可根据需要自行创建其他程序模块。

在 MainModule 模块，系统自动生成了 main 例行程序，如图 5-49（b）所示。main 例行程序是程序入口，程序执行时从 main 例行程序首行开始运行。一个程序可以包含多个模块，一个模块可以包含多个例行程序。不同模块间的例行程序根据其定义的范围可互相调用。

（a）   （b）

图 5-49 程序结构模块

（a）系统模块与程序模块；（b）MainModule 模块程序

（四）ProcCall 指令

ProcCall 指令用于将程序执行转移至另一个无返回值程序。当执行完成无返回值程序后，程序执行将继续过程调用后的指令。

通常有可能将一系列参数发送至新的无返回值程序。无返回值程序的参数必须符合以下条件：

（1）必须包括所有的强制参数。

（2）必须以相同的顺序进行放置。

（3）必须采用相同的数据类型。

（4）必须采用有关于访问模式（输入、变量或永久数据对象）的正确类型。

程序可相互调用，并可反过来调用另一个程序；程序也可自我调用，即递归调用。允许的程序等级取决于参数数量，通常允许 10 级以上。

实例 1：

```
MoveJ p10, v1000, z50, tool0;
Routine1;
MoveJ p20, v1000, z50, tool0;
```

以上程序实例，MoveJ p10 程序行执行完成后，调用 Routine1 无返回值程序并执行。待 Routine1 程序行执行完成后，继续执行 MoveJ p20 程序行运行。

ProcCall 指令并不显示在程序行内，只显示被调用的程序名称。

（五）规划焊接工件轨迹

本任务需完成两个钢管连接处的焊接，焊接轨迹等效为 4 个圆弧轨迹，如图 5-50 所示。

（a）　　　　　　　　　　　　　（b）

图 5-50　焊接工件轨迹

（a）工件正面图；（b）工件背面图

要完成如上焊接任务，需要完成 9 个关键位置点的示教，其中 p21 为准备点，p20、p30、p40、p50、p60、p70、p80、p90 为 8 个焊接关键位置点。p20、p30 和 p40 构成第一个圆弧，p40、p50 和 p60 构成第二个圆弧，p60、p70 和 p80 构成第三个圆弧，p80、p90 和 p20 构成第四个圆弧。

1. 创建程序结构

程序结构

本任务需要创建主程序 main，以及 qu_gongju、fang_gongju 和 hanjie 三个子程序，创建步骤如下。

Step1：单击 ABB 菜单按钮，打开"程序编辑器"新建程序，单击"任务与程序"进入"任务与程序"界面，如图 5-51 所示。

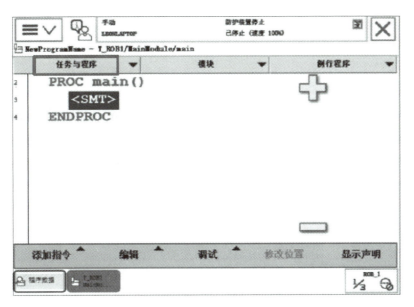

图 5-51　程序编辑器界面

Step2：将程序另存为"L1P3T3"并保存到主页，单击"显示模块"按钮，如图 5-52 所示。

图 5-52　程序保存到主页界面

Step3：单击"文件"按钮，在弹出的列表中选择"新建模块"命令，如图 5-53 所示。

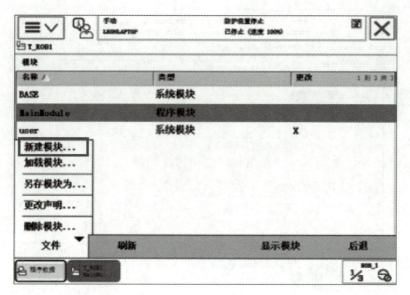

图 5-53　新建模块界面

Step4：在弹出的系统提示窗口单击"是"按钮，如图 5-54 所示。

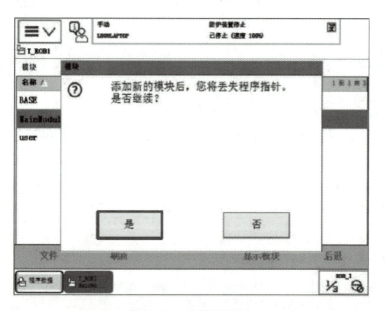

图 5-54　系统提示窗口

Step5：在模块定义窗口输入名称和类型参数，单击"确定"按钮，如图 5-55 所示。"名称"：单击"ABC"按钮可输入模块名称。"类型"：单击下拉列表，选择模块类型。"Program"为程序模块。

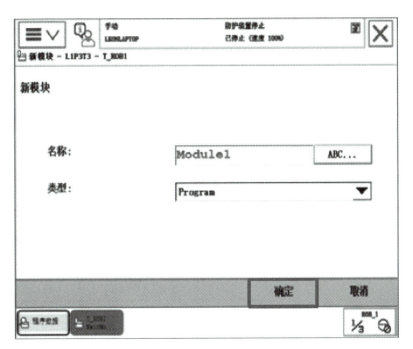

图 5-55　设定模块名称与类型

Step6：选中"MainModule"模块，单击"显示模块"按钮，返回程序编辑器窗口，如图 5-56 所示。

如果模块下有多个例行程序，会出现例行程序的管理窗口。

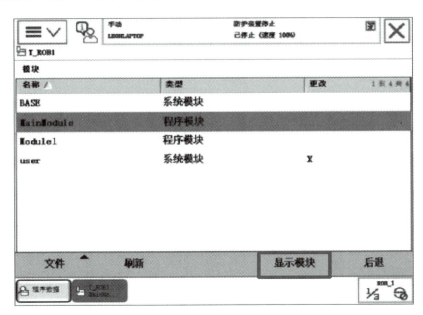

图 5-56　选中"MainModule"模块

Step7：单击"例行程序"栏进入例行程序管理界面，单击"文件"按钮，在弹出的列表中选择"新建例行程序"命令，如图 5-57 所示。

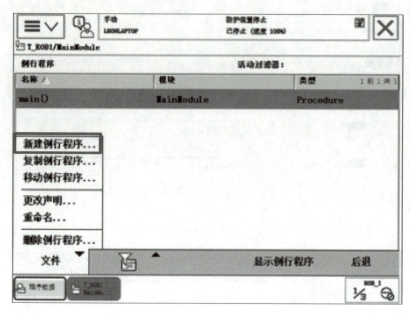

图 5-57　选择"新建例行程序"命令

Step8：在"例行程序声明"界面，更改程序名称为"qu_gongju"，其余参数不变，如图 5-58 所示，单击"确定"按钮表示完成。

图 5-58　更改程序名称

Step9：按同样方法创建"fang_gongju"和"hanjie"例行程序，完成后界面如图 5-59 所示。

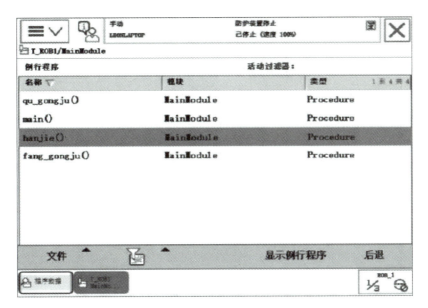

图 5-59　创建"fang_gongju"和"hanjie"例行程序

（六）编写模拟焊接程序

1. 创建程序结构

本任务需要创建主程序 main，以及 qu_gongju、fang_gongju 和 hanjie 三个子程序，创建步骤如下。

Step1：单击 ABB 菜单按钮，打开"程序编辑器"新建程序，单击"任务与程序"进入"任务与程序"界面，如图 5-60 所示。

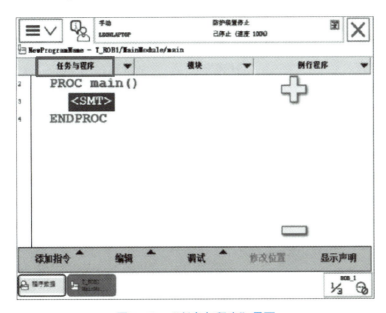

图 5-60　"任务与程序"界面

Step2：将程序另存为"L1P3T3"并保存到主页，单击"显示模块"按钮，如图 5-61 所示。

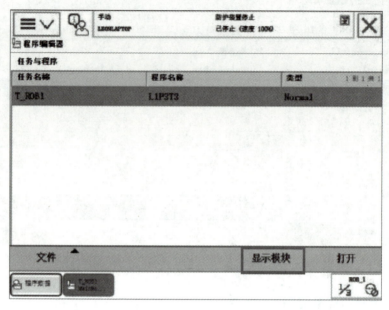

图 5-61 将程序另存为"L1P3T3"并保存到主页

Step3：单击"文件"按钮，在弹出的列表中选择"新建模块"命令，如图 5-62 所示。

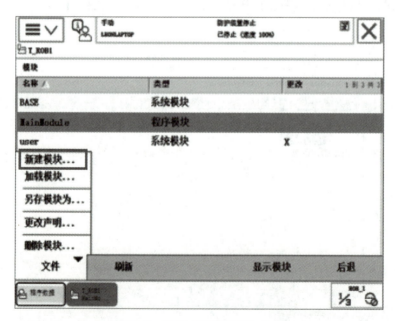

图 5-62 选择"新建模块"命令

Step4：在弹出的系统提示窗口单击"是"按钮，如图 5-63 所示。

图 5-63　系统提示窗口

Step5：在模块定义窗口输入名称和类型参数，单击"确定"按钮，如图 5-64 所示。"名称"：单击"ABC"按钮可输入模块名称。"类型"：单击下拉列表，可选择模块类型。"Program"为程序模块。

图 5-64　模块定义窗口

Step6：选中"MainModule"模块，单击"显示模块"按钮，返回程序编辑器窗口，如图 5-65 所示。

如果模块下有多个例行程序，会出现例行程序的管理窗口。

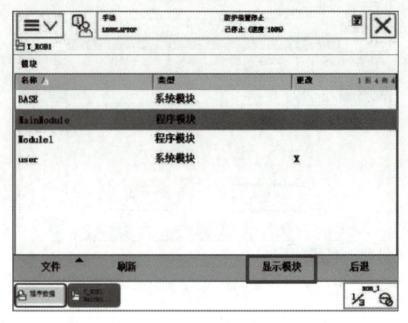

图 5-65　程序编辑器窗口

Step7：单击"例行程序"栏进入例行程序管理界面，单击"文件"按钮，在弹出的列表中选择"新建例行程序"命令，如图 5-66 所示。

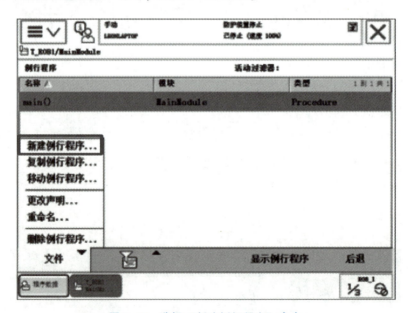

图 5-66　选择"新建例行程序"命令

Step8：在"例行程序声明"界面，更改程序名称为"qu_gongju"，其余参数不变，如图 5-67 所示，单击"确定"按钮表示完成。

图 5-67　更改程序名称

Step9：按同样方法创建"fang_gongju"和"hanjie"例行程序，完成后界面如图 5-68 所示。

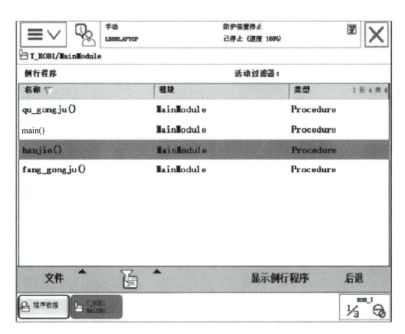

图 5-68　创建"fang_gongju"和"hanjie"例行程序

2. 编写焊接程序

完成工业机器人取模拟焊接工具、进行模拟焊接、放置模拟焊接工具的任务，需要编写 main、qu_gongju、hanjie 和 fang_gongju 四个例行程序，程序及说明见表 5-4～表 5-6。

表 5-4　main 程序及说明

程序	程序说明
MoveAbsJ jpos10 \ NoEOffs, v200, fine, tool0;	工业机器人返回原点
qu_gongju;	调用 qu_gongju 子程序
hanjie;	调用 hanjie 子程序
fang_gongju;	调用 fang_gongju 子程序
MoveAbsJ jpos10 \ NoEOffs, v200, fine, tool0;	工业机器人返回原点

表 5-5　hanjie 程序及说明

程序	程序说明
MoveAbsJ jpos10 \ NoEOffs, v200, fine, tool0;	工业机器人返回原点
MoveJ p10, v200, fine, tool0;	关节方式到达 p10 过渡点
MoveL p21, v200, fine, tool0;	直线方式到达 p21 准备点
MoveL p20, v200, fine, tool0;	直线方式到达 p20 接近点
MoveC p30, p40, v100, fine, tool1;	圆弧方式模拟焊接第一个轨迹
MoveC p50, p60, v100, fine, tool1;	圆弧方式模拟焊接第二个轨迹
MoveC p70, p80, v100, fine, tool1;	圆弧方式模拟焊接第三个轨迹
MoveC p90, p100, v100, fine, tool1;	圆弧方式模拟焊接第四个轨迹
MoveL p21, v200, fine, tool1;	直线方式到达 p21 准备点
MoveJ p10, v200, fine, tool0;	关节方式到达 p10 过渡点
MoveAbsJ jpos10 \ NoEOffs, v200, fine, tool0;	工业机器人返回原点

表 5-6　fang_gongju 程序及说明

程序	程序说明
MoveAbsJ jpos10 \ NoEOffs, v200, fine, tool0;	工业机器人返回原点
MoveJ p10, v200, fine, tool0;	关节方式到达 p10 过渡点
MoveL p11, v200, fine, tool0;	直线方式到达 p11 接近点
MoveL p12, v200, fine, tool0;	直线方式到达 p12 接近点
Reset YV2;	复位主盘松开信号
Set YV1;	置位主盘锁紧信号，YV1 和 YV2 互锁
WaitTime 1;	延时 1 s
MoveL p11, v200, fine, tool0;	直线方式到达 p11 接近点
MoveJ p10, v200, fine, tool0;	关节方式到达 p10 过渡点
MoveAbsJ jpos10 \ NoEOffs, v200, fine, tool0;	工业机器人返回原点

3. 记录关键位置数据

本任务主要记录 1 个准备点和 8 个焊接点的位置，具体方法如下。

Step1：设置工具坐标"tool1"，手动操作工业机器人至准备点 p21 位置，如图 5-69 所示，记录数据。

图 5-69　工业机器人至准备点 p21 位置

Step2：手动操作机器人记录焊接点 p20 位置数据，如图 5-70 所示。

图 5-70　机器人记录焊接点 p20 位置数据

Step3：手动操作机器人记录焊接点 p30 位置数据，如图 5-71 所示。

项目
5

工业机器人模拟焊接

图 5-71　机器人记录焊接点 p30 位置数据

Step4：手动操作机器人记录焊接点 p40 位置数据，如图 5-72 所示。
其他焊接点位置数据同 Step2～Step4，共需完成 8 个焊接点位置数据记录。

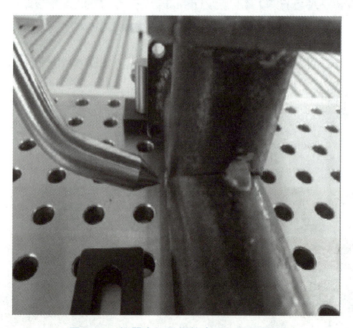

图 5-72　机器人记录焊接点 p40 位置数据

四、自动运行模拟焊接程序

工业机器人设置为自动模式时的运行程序操作步骤如下。

Step1：将模式选择开关逆时针旋转到左侧，在示教器弹出的窗口中单击"确定"按钮，如图 5-73 所示。再按下控制柜操作面板上电按钮。

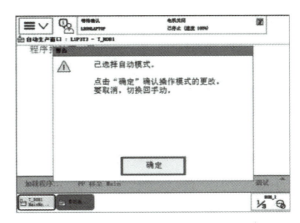

图 5-73 示教器弹出窗口

Step2：单击"自动生产窗口"下的"加载程序"，在弹出的提示窗口单击"是"按钮，如图 5-74 所示。

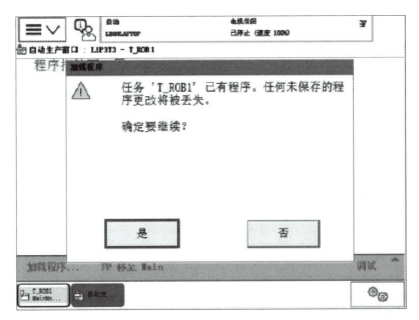

图 5-74 加载程序弹出提示窗口

Step3：找到需要加载的程序"L1P3T3"，单击"确定"按钮，如图 5-75 所示，返回自动生产窗口。

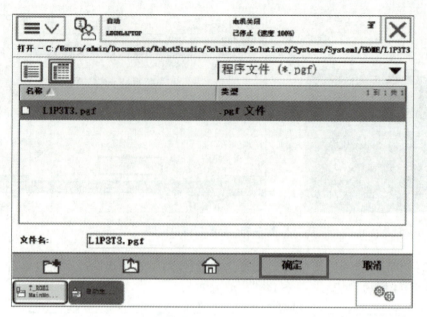

图 5-75　程序 L1P3T3 显示窗口

Step4：单击"PP 移至 Main"，在弹出的提示窗口单击"是"按钮，如图 5-76 所示，将程序指针指向到 main 程序首行。

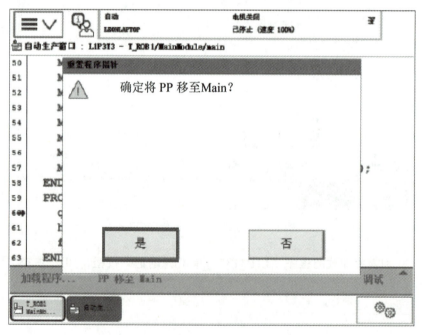

图 5-76　"PP 移至 Main"确认窗口

Step5：将全局速度设置为 25%，运行无误后可逐渐增加速度，如图 5-77 所示。

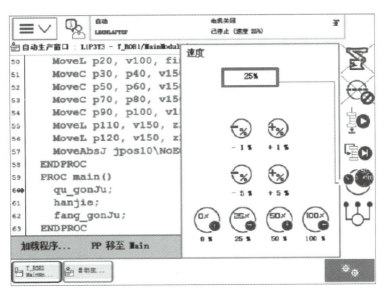

图 5-77　将全局速度设置为 25%

Step6：单击工作台操作面板上的外部启动按钮（绿色带灯按钮），启动机器人程序，如图 5-78 所示。

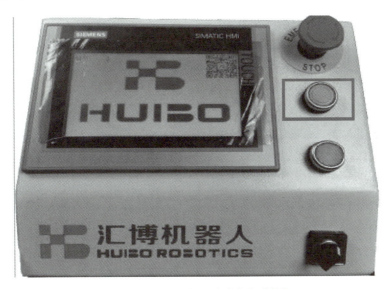

图 5-78　操作面板上的外部启动按钮

评价与总结

根据任务完成情况，填写评价表，如表 5-7 所示。

表 5-7　任务评价表

任务：工业机器人模拟焊接			实习日期：				
姓名：		班级：		学号：		导师签字：	
自评：□熟练 　　　□不熟练		互评：□熟练 　　　□不熟练		师评：□合格 　　　□不合格			
日期：		日期：		日期：		日期：	
序号	评分项	得分条件	配分	评分要求	自评	互评	师评
1	认知能力	作业 1：焊接机器人简介 □1. 能正确叙述焊接机器人的优点 □2. 能正确叙述焊接机器人的局限性 □3. 能正确叙述弧焊机器人的特点 作业 2：焊接机器人的系统组成 □1. 能正确叙述焊接的概念 □2. 能正确叙述焊枪的类型选用 □3. 能正确完成自动拾取工具程序编写 □4. 能正确完成工具标定 □5. 能正确完成模拟焊接程序编写 □6. 能正确完成自动运行模拟焊接程序	65	未完成 1 项扣 4.5 分，扣分不得超过 65 分	□熟练 □不熟练	□熟练 □不熟练	□合格 □不合格
2	叙述能力	□1. 能正确叙述加载和运行程序 □2. 能正确叙述和编写焊接程序	20	未完成 1 项扣 10 分，扣分不得超过 20 分	□熟练 □不熟练	□熟练 □不熟练	□合格 □不合格
3	资料、信息查询能力	□1. 能正确使用维修手册查询资料 □2. 能正确使用用户手册查询资料	10	未完成 1 项扣 5 分，扣分不得超过 10 分	□熟练 □不熟练	□熟练 □不熟练	□合格 □不合格
4	表单填写与报告的撰写能力	□1. 字迹清晰 □2. 语句通顺 □3. 无错别字 □4. 无涂改 □5. 无抄袭	5	未完成 1 项扣 1 分，扣分不得超过 5 分	□熟练 □不熟练	□熟练 □不熟练	□合格 □不合格
总分							

拓展练习

填空题

1. _____，也称作熔接、镕接，是一种以加热、高温或者高压的方式接合金属或其他热塑性材料如塑料的制造工艺及技术。

2. _____指令用于将数字输出信号的值设置为 1；_____指令用于将数字输出信号的值重置为 0。

3. 焊接通过三种方式达成接合的目的：_____、_____、_____。

4. _____是运动指令中 Zone 参数对应的数据类型，它的各个元素是相关移动的区域数据，而区域数据则描述了所生成拐角路径的大小。

5. _____机器人就是在工业机器人的末轴法兰装接焊钳或焊（割）枪，使之能进行焊接、切割或热喷涂等操作。

6. 一套完整的弧焊机器人系统，应包括_____、控制系统、_____、焊件夹持装置，夹持装置上有两组可以轮番进入机器人工作范围的旋转工作台。

7. _____是工业机器人的特殊数据类型，用于描述工具的 TCP、质量、重心等参数的数据，也用于描述新工具坐标系相对于默认工具坐标系的位姿变换。

8. 工具数据定义的基本原理是_____。

9. ABB 工业机器人常用的工件坐标系方法有：_____、_____、_____。

10. 使用_____方法计算得到的工具数据不改变工具坐标系方向，仅计算工具 Z 方向偏移的数值即工具长度。

11. _____方法是在确定工具末端点的基础上增加 z 点的定义，以工具末端点与 z 点的连线为工具坐标系的 Z 轴，对应 Z 方向改变的工具。"TCP 和 Z"方法可兼容"TCP（默认方向）"方法，即 Z 向不变的工具也可用此方法定义工具数据。

12. _____方法则需要增加 z 点和 x 点的定义，以工具末端点与 z 点的连线为工具坐标系的 Z 轴，以工具末端点与 x 点的连线为工具坐标系的 X 轴，对应 Z、X 方向改变的工具。

13. _____RAPID 是 ABB 工业机器人平台的具有特色的语言，具有很强的组合性。

14. RAPID 数据按照存储类型可以分为_____、_____和_____三大类。

15. 可变量 PERS 最大的特点是_____。

16. _____变量型数据在程序执行的过程中和停止时，会保持当前的值。但如果程序指针被移到主程序后，数值会丢失。

17. ABB 机器人程序有 3 个层级，即_____、_____和_____程序。

18. _____指令用于将程序执行转移至另一个无返回值程序。当执行完成无返回值程序后，程序执行将继续过程调用后的指令。

任务 工业机器人搬运应用

智能仓储应用

任务描述

搬运机器人是可以进行自动化搬运作业的工业机器人。最早的搬运机器人出现在 1960 年，Versatran 和 Unimate 两种机器人首次用于搬运作业，如图 6-1 和图 6-2 所示。

图 6-1 Versatran 搬运机器人

图 6-2 Unimate 搬运机器人

搬运作业是指用特定的末端执行器握持工件，从一个加工位置搬运到另一个加工位置。搬运机器人可安装不同的末端执行器以完成各种不同形状和状态的工件搬运工作，大大减轻了人类繁重的体力劳动。

工业机器人被广泛应用于机床上下料、冲压机自动化生产线、自动装配流水线、码垛搬运、集装箱等的自动搬运任务中。它的优点是可以通过编程完成各种预期的任务，在自身结构和性能上有了人和机器的各自优势，尤其体现出了人工智能和适应性。

本任务使用平口夹爪工具完成电机搬运任务。工业机器人首先将电机转子搬运并装配于电机外壳中，再将端盖搬运并装配在电机外壳上，如图 6-3 所示，最后工业机器人将平口夹爪工具放回快换装置。搬运装配完成的成品，如图 6-4 所示。

通过工业机器人电机搬运任务，能熟练掌握工业机器人运动指令、信号指令和子程序调用等指令的使用方法。

在工业机器人搬运转子、端盖至电机外壳的任务中，运动轨迹规划使用了多个目标点，且目标点都是通过示教得到的，为提高编程效率，本任务中使用"Offs"偏移函数，可对程序结构进行优化，选取参考目标点，其他目标点进行平移运算即可得到。通过对工业机器人取放平口夹爪程序的优化，使用"Offs"函数功能编写运动程序，掌握"Offs"偏移函数的使用方法，减少示教目标点，优化搬运程序，提高编程效率。

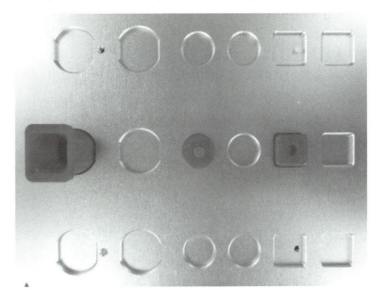

图6-3　电机外壳、转子和端盖

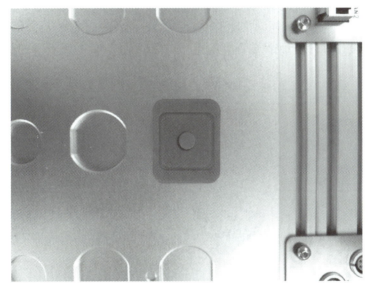

图6-4　电机组装成品

任务目标

1. 了解工业机器人搬运作业常用的末端执行器；
2. 掌握工业机器人负载数据的设置方法；
3. 理解工业机器人轨迹规划的基本原则；
4. 掌握工业机器人搬运任务的编程方法；

5. 掌握工业机器人搬运任务程序调试的方法；

6. 掌握工业机器人搬运任务程序优化的方法；

7. 能根据搬运对象选择合适的搬运工具；

8. 能按正确的操作流程完成快换工具的更换；

9. 能正确设置末端执行器的工具数据；

10. 能根据不同的负载，正确设置负载数据；

11. 能根据不同的搬运任务，合理规划工业机器人的运动轨迹；

12. 能根据规划的运动轨迹，编写工业机器人的搬运任务程序；

13. 能完成工业机器人搬运任务的程序调试、优化；

14. 养成严谨细致、精益求精的工匠精神；

15. 形成良好的团队合作意识；

16. 形成良好的安全操作意识。

知识准备

6.1　工业机器人搬运系统组成

工业机器人搬运系统主要由工业机器人、控制系统、搬运系统（气体发生装置、真空发生装置和手爪等）和安全保护装置等组成，如图6-5所示。

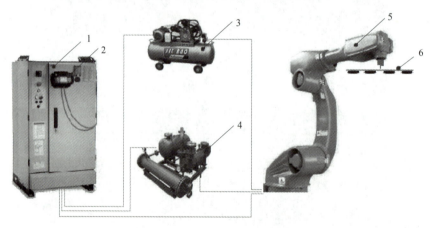

图6-5　工业机器人搬运系统
1—工业机器人控制柜；2—示教器；3—气体发生装置；
4—真空发生装置；5—工业机器人；6—末端执行器（手爪）

工业机器人进行搬运作业时，通过检测吸盘或末端夹具和平衡气缸内气体压力，能自动识别机械手臂上有无载荷，并经气动逻辑控制回路自动调整平衡气缸内的气压，达到自动平衡的目的。

工业机器人进行搬运工作时，重物犹如悬浮在空中，可避免产品对接时的碰撞。在工业机器人的工作范围内，操作人员可将其前后、左右、上下轻松移动到任何位置，人员本身可轻松操作。同时，气动回路还有防止误操作掉物和失压保护等联锁保护功能。

工业机器人搬运系统具有占地面积少、结构简单、能耗低、适用性强、操作简单、点位示教容易等特点。

6.2 搬运作业的末端执行器

搬运作业常用的末端执行器有吸附式、夹持式和仿生式等。

变位机控制
与应用

1. 吸附式末端执行器

吸附式末端执行器靠吸附力取料，适用于大平面、易碎（玻璃、磁盘）、微小的物体，因此使用面较广。依据吸力不同可分为气吸附式和磁吸附式两种。

2. 夹持式末端执行器

夹持式末端执行器通常也称为夹钳式取料手，是工业机器人搬运作业中最常用的一种末端执行器形式，在装配流水线上用得较为广泛。它一般由手指（手爪）、驱动机构、传动机构、连接与支承元件组成，工作原理类似于常用的手钳。如图 6-6 所示，夹持式末端执行器能利用手爪的开闭动作实现对物体的夹持。

（a）   （b）

图 6-6　夹持式末端执行器
（a）平口夹爪及辅助标定工具；（b）弧口夹爪及辅助标定工具

3. 仿生式末端执行器

目前，大部分工业机器人的末端执行器只有两个手爪，而且手爪上一般没有关节，无法满足对复杂形状的物体实施夹持和操作。而仿生机器人末端执行器能像人手一样进行各种复杂的搬运作业，仿生式末端执行器有两种，一种叫柔性手，一种叫仿生多指灵巧手。

6.3 辅助标定工具

工业机器人安装工具之后，需要对工具进行标定，工具标定的方法一般是在工具上找到一个合适的尖点作为标定针，在工件台上放一个标定针，工业机器人以不同的姿态使针尖对齐，每对准一次就修改一个位置，直到按照标定方法将所有点位置修改完。但是，在实际应用中，有些工具没有明显尖点，如本任务中使用的平口夹爪工具，在对平口夹爪工具标定时，可以通过辅助标定工具来标定。本任务中使用的辅助标定工具如图 6-6 所示，将辅助标定工具安装在平口夹爪上，利用辅助标定工具来完成工具的标定，平口夹爪、弧口夹爪的辅助标定工具如图 6-6 所示。

6.4　工业机器人的负载

负载是指工业机器人在工作时能够承受的最大载重，包括机器人本体负载和工具负载。工具负载是指装在机器人法兰上的工具的负载，它是装在机器人上并随着机器人一起移动的质量。

工业机器人搬运工件时，需要将工件的质量和末端工具的质量都计算在负载内。要确定工具负载，则需要确定工具的质量、重心（质量受重力作用的点）、转动惯量。工具的负载数据会影响许多控制过程，包括控制算法、速度和加速度监控、力矩监控、碰撞监控和能量监控等。如果机器人以正确的负载数据执行运动，可以达到高精度，可以使运动过程具有最佳的节拍时间，可以使工业机器人达到长的使用寿命。

负载数据必须输入机器人控制系统，并分配给正确的工具。工业机器人系统可以使用专门用于测算负载的程序测算工具的负载数据。

6.5　电机搬运轨迹规划

工业机器人编程是使用关键点把目标轨迹描述出来的过程，其核心是关键点的规划和选择。如编写一个程序，使工业机器人在空间中按照一条直线轨迹运动。如图 6-7 所示，在编程时，需要规划由初始位置开始运行再回到初始位置的轨迹，用点和路径完整地描述出来。

轨迹规划具体步骤如下。

Step1：确定起始位置。程序起始位置，也称作业原点。该位置可以是工业机器人工作空间中任意一点，一般会选取比较特殊的位置，如机器人零点等，目的是让工业机器人停止姿态尽量美观。

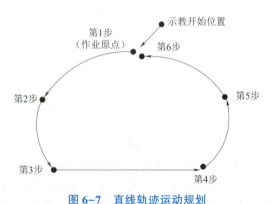

图 6-7　直线轨迹运动规划

Step2：确定过渡位置。从作业原点到作业位置可能会经过障碍物，或者工具必须沿特定路径到达作业位置，这时就需要规划避障或工具行进路线。过渡位置可能是很多个点，应以实际情况规划。

Step3：确定作业位置。作业位置之前的路径一般不需要限定轨迹，作业轨迹则通常是限定轨迹（直线或圆弧）。对于复杂的作业轨迹，可以通过直线和圆弧的组合把轨迹拟合出来。

Step4：返回起始位置。作业完成后，同样需要规划过渡位置返回作业原点。如果需要运动到下一作业位置。重复前面 Step2~Step3 即可。当所有工作完成后，返回作业原点。编程过程中如果需要添加其他指令，只要按照顺序执行的过程编写即可。

6.6 编程知识

（一）SetDo 指令

SetDO 指令主要用于控制数字量输出信号的值（0 或 1）。前一个占位符为信号选择，可在列表中选择已定义的数字输出信号。后一个占位符为目标状态，一般选择 0 或 1。图 6-8 表示将输出信号 YV3 置为 1。

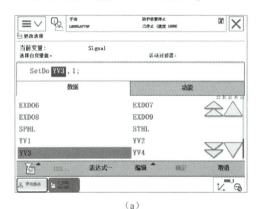

（a）

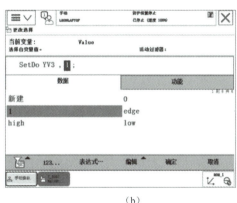

（b）

图 6-8　使用 SetDO 指令

（a）设置信号；（b）设置状态

（二）Offs 指令

1. Offs 指令基本知识

在工业机器人搬运、码垛、焊接等应用中，经常用到位置的偏移，在编程时，使用 Offs 指令，可实现以目标点为参考点的其他位置点的偏移运算，减少运行目标点的示教，提高编程效率。

Offs 指令是基于工件坐标下的 X、Y、Z 平移，在程序编辑器运动指令"更改选择"界面中，选中位置数据后单击"功能"栏可选择 Offs 指令，如图 6-9 所示。

Offs 参数选择界面中，4 个占位符依次对应"偏移参考点""X 方向偏移值""Y 方向偏移值""Z 方向偏移值"，如图 6-10 所示，表示相对于参考点 p10 的位置，在 p10 点的 X 方向偏移 10 mm，Y 方向偏移 20 mm，Z 方向偏移 30 mm。

2. Offs 指令使用实例

编写程序，使工业机器人沿长方形运行一周，轨迹如图 6-11 所示。

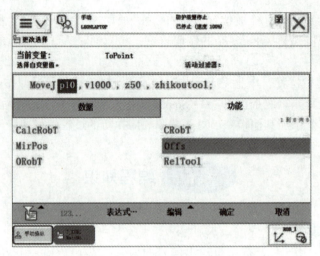

图 6-9　选择 Offs 指令

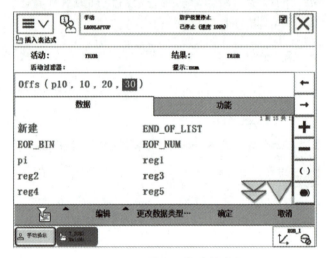

图 6-10　设置 Offs 指令的参数

图 6-11　长方形运行轨迹

　　一般可以示教 p1、p2、p3、p4 四个点，编写程序为：

```
MoveL p1,v100,fine,tool0;
MoveL p2,v100,fine,tool0;
MoveL p3,v100,fine,tool0;
MoveL p4,v100,fine,tool0;
MoveL p1,v100,fine,tool0;
```

使用 Offs 指令偏移功能，便可只示教 p1 点，其他的点由 Offs 函数计算所得。程序可优化如下，提高了编程效率：

```
MoveL p1,v100,fine,tool0;
MoveL Offs(p1,100,0,0),v100,fine,tool0;
MoveL Offs(p1,100,-50,0),v100,fine,tool0;
MoveL Offs(p1,0,-50,0),v100,fine,tool0;
MoveL p1,v100,fine,tool0;
```

任务实施

一、标定直口夹爪工具

标定直口夹爪工具

Step1：手动安装平口夹爪和对应的辅助标定工具，如图 6-12 所示。

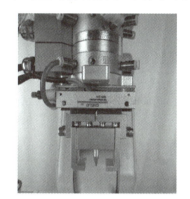

图 6-12　安装平口夹爪及辅助标定工具

Step2：打开数字输出监控界面，手动操作输出 YV1 和 YV2 信号控制快换锁紧工具，手动操作输出 YV3 和 YV4 信号控制气爪夹紧辅助标定工具，如图 6-13 所示。

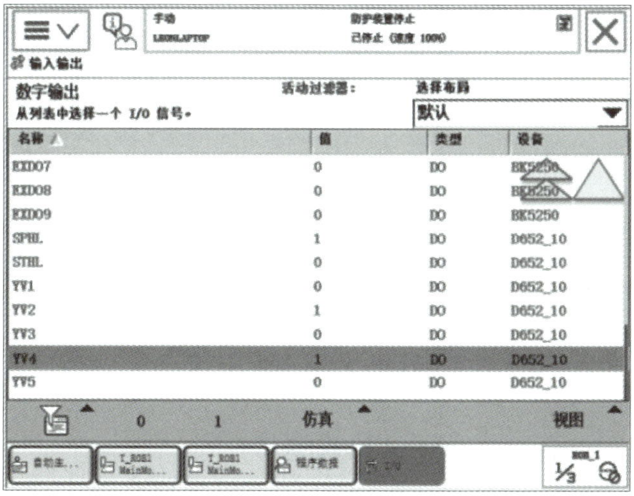

手动
防护装置停止
已停止 (速度 100%)
输入输出
数字输出
从列表中选择一个 I/O 信号。
活动过滤器：
选择布局
默认
名称
值
类型
设备
EXDO7 0 DO BK5250
EXDO8 0 DO BK5250
EXDO9 0 DO BK5250
SPHL 1 DO D652_10
STHL 0 DO D652_10
YV1 0 DO D652_10
YV2 1 DO D652_10
YV3 0 DO D652_10
YV4 1 DO D652_10
YV5 0 DO D652_10
0
1
仿真
视图

图 6-13　手动设置夹紧信号

Step3：创建新程序另存为"L1P4T1"，创建新工具数据，命名为"zhikoutool"，如图6-14所示。

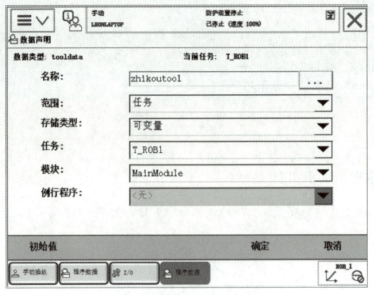

图 6-14　创建工具数据

Step4：采用"TCP（默认方向）"4点法标定"zhikoutool"工具数据，如图6-15所示。

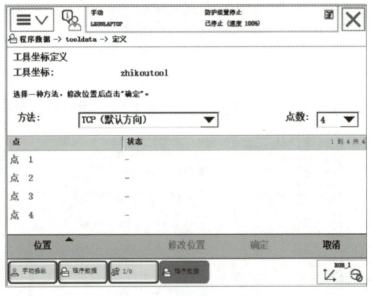

图 6-15　4 点法标定工具数据

工具负载测算

二、直口夹爪工具负载测算

Step1：手动操纵机器人运动到各轴零点位置，如图6-16所示。

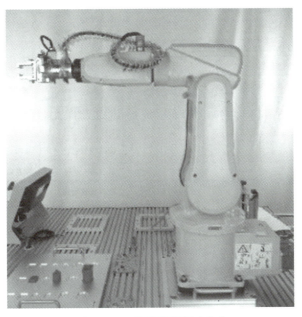

图 6-16 机器人各轴零点姿态

Step2：在"手动操纵"界面加载需要测算的工具"zhikoutool"，如图 6-17 所示。

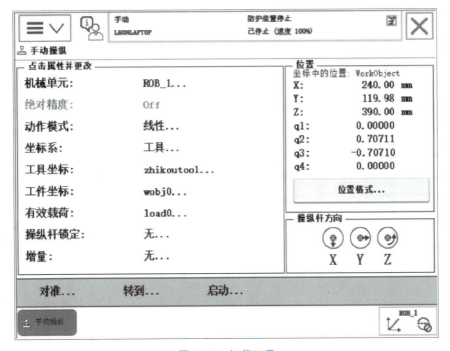

图 6-17 加载工具

Step3：进入程序编辑器界面，单击"调试"按钮，在菜单中单击"PP 移至 Main"，待调用例行程序被激活后，单击"调用例行程序"，如图 6-18 所示。

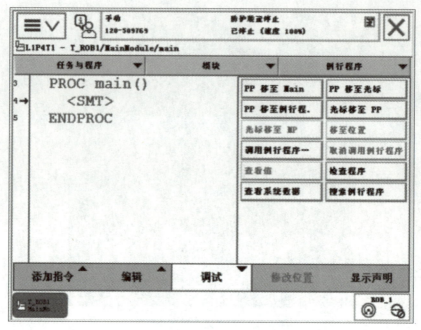

图 6-18　调试例行程序

　　Step4：在"调用服务例行程序"界面单击"LoadIdentify"例行程序，如图 6-19 所示。

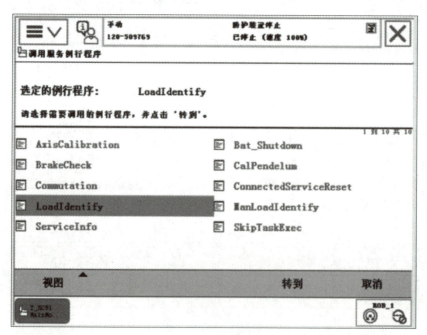

图 6-19　调用例行程序

　　Step5：长按使能按键，单击软键盘程序调试"开始"按钮运行程序，程序手动运行过程中，使能按键不能松开，直到提示转入自动运行过程，如图 6-20 所示。

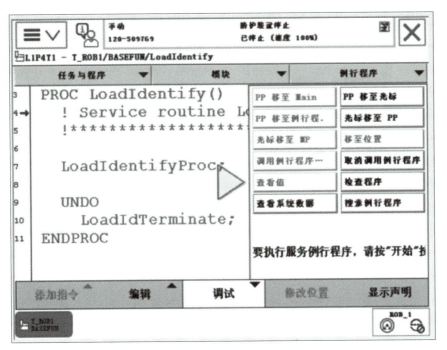

图 6-20　运行例行程序

Step6：程序运行前，在系统提示界面，单击"OK"按钮，进入下一步，如图 6-21 所示。

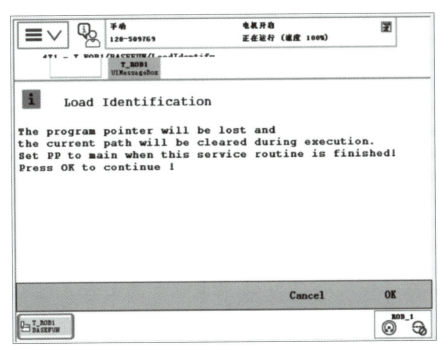

图 6-21　确认负载信息

Step7：进入"测算类型选择"界面，"PayLoad"用于测算机器人本体的负载数据，

"Tool"用于测算工具的负载数据，单击"Tool"按钮，弹出界面如图6-22所示。

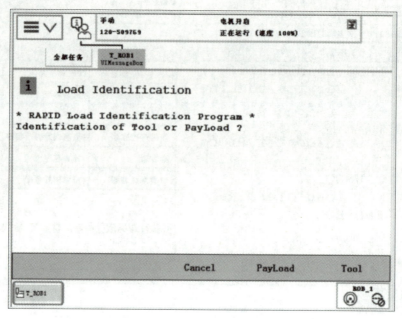

图6-22　选择测算工具的负载数据

Step8：根据系统提示信息确认各事项，无误后单击"OK"按钮，如图6-23所示。需确认如下事项：

①需测算负载数据的工具必须已安装，工具数据已定义，已在手动操纵中加载。

②机器人本体负载必须已定义。

③机器人1~6轴零点已正确标定。

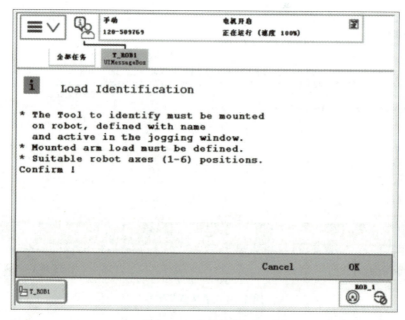

图6-23　确认负载数据

Step9：根据系统提示信息确认加载的工具是否是需要测算的工具，如图 6-24 所示。

图 6-24　确认工具信息

Step10：根据系统提示信息选择对工具的测算方法，如图 6-25 所示。在左下方输入栏输入"2"。输入数值后，单击"确定"按钮。1 表示已知工具质量；2 表示未知工具质量；0 表示取消。

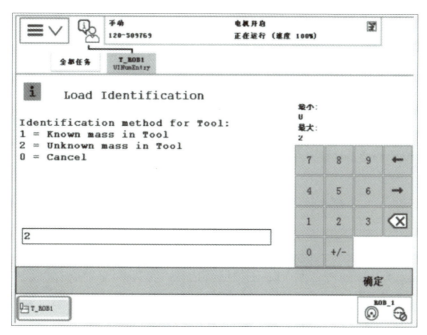

图 6-25　选择测算方法

Step11：根据系统提示信息确认机器人选择测算过程中需要机器人第 6 轴运动的角度，单击右下方 "+90"，如图 6-26 所示。

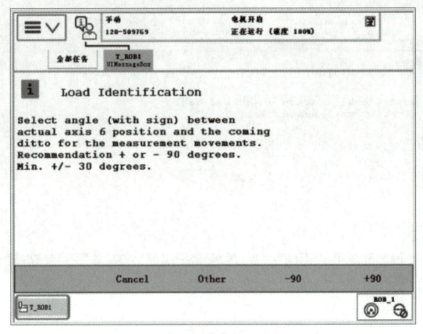

图 6-26　选择机器人第 6 轴运动角度

Step12：根据系统提示信息确认机器人第 5 轴在 0° 位置。确认无误后单击 "Yes" 按钮，如图 6-27 所示。

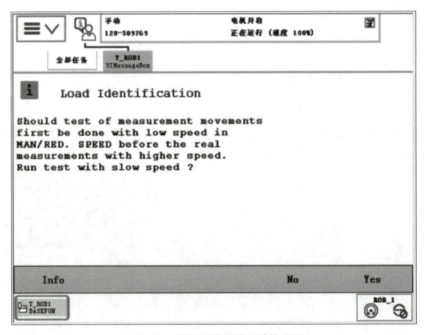

图 6-27　确认机器人第 5 轴的位置

Step13：根据系统提示信息确认开始测算，机器人腕部将慢速运动，单击"MOVE"开始执行，如图6-28所示。

图 6-28　开始测算

Step14：测算过程中，系统显示程序当前运行状态，每一步测算运行完成后会自动跳转到下一步，过程中保持使能按键不松开，如图6-29所示。

图 6-29　分步执行工具测算

Step15：根据系统提示信息切换到自动模式并再次启动程序运行，如图 6-30 所示。

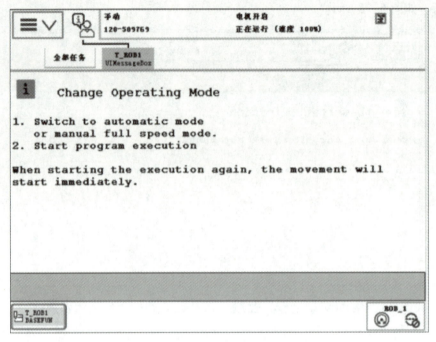

图 6-30　切换到自动模式

Step16：自动运行模式下测算，如图 6-31 所示。

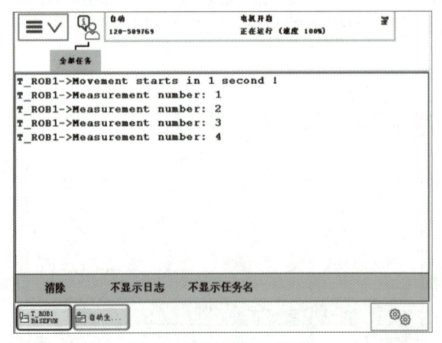

图 6-31　自动模式下测算工具数据

Step17：等待自动运行程序完成后，根据系统提示信息切换到手动模式，单击"OK"

按钮后开始计算，如图 6-32 所示。

图 6-32 切换到手动模式

Step18：计算完成后，单击"Yes"按钮确认，如图 6-33 所示。

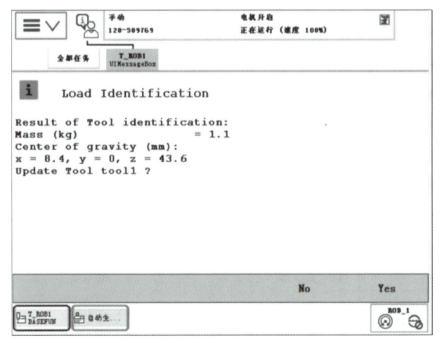

图 6-33 确认完成计算

三、设计程序结构

1. 搬运流程图

工业机器人搬运电机的流程，如图 6-34 所示。

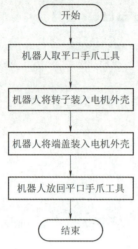

图 6-34　电机搬运流程图

电机搬运
路径规划

2. 规划搬运轨迹

完成整个搬运过程，规划运动轨迹需要 9 个关键点位，分别以数字 1~9 表示，各点位说明如表 6-1 所示。

表 6-1　搬运关键点位功能说明

序号	点位名称	点位说明
1	Home	工作原点
2	Qu_ZhuanZi_GuoDu	取转子过渡点
3	Qu_ZhuanZi	取转子点
4	Fang_ZhuanZi_GuoDu	放转子过渡点
5	Fang_ZhuanZi	放转子点
6	Qu_DuanGai_GuoDu	取端盖过渡点
7	Qu_DuanGai	取端盖点
8	Fang_DuanGai_GuoDu	放端盖过渡点
9	Fang_DuanGai	放端盖点

工业机器人的点位运行示意图如图 6-35 所示，运行关键点位的顺序为 1—2—3—2—4—5—4—6—7—6—8—9—8—1。

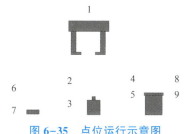

图 6-35　点位运行示意图

3. 新建例行程序

完成此次电机搬运任务共需建立 4 个例行程序，如表 6-2 所示。

表 6-2　电机搬运任务例行程序

例行程序名称	例行程序功能
Qu_GongJu	将平口夹爪从快换支架中取出
Zhuanzi_BY	拾取转子并放入电机外壳
DuanGai_BY	拾取端盖并放在电机外壳
Fang_GongJu	将平口夹爪放回快换支架

Step1：在模块中创建用于工具取放和电机装配的例行程序，如图 6-36 所示。

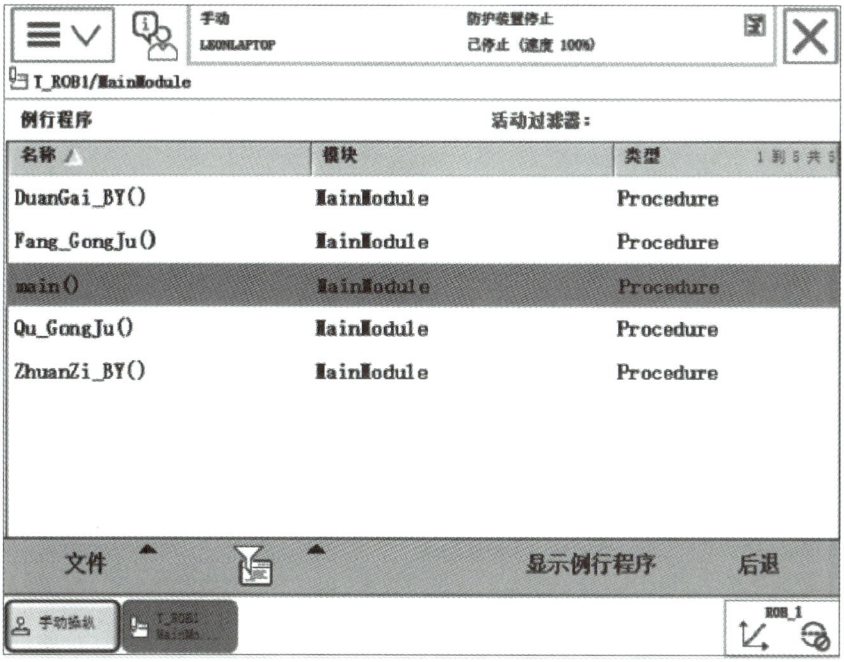

图 6-36　新建例行程序

Step2：根据搬运的工作流程，编写调用各例行程序的主程序结构，如图 6-37 所示。

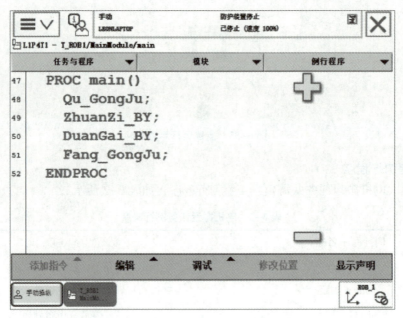

图 6-37　编写搬运主程序

四、编写平口手爪拾取程序

Step1：打开例行程序"Qu_GongJu"，单击工具抓取点"QuZhua_GuoDu"，如图 6-38 所示。

图 6-38　选择工具抓取点

Step2：单击"功能"栏，选择"Offs"指令，如图6-39所示。

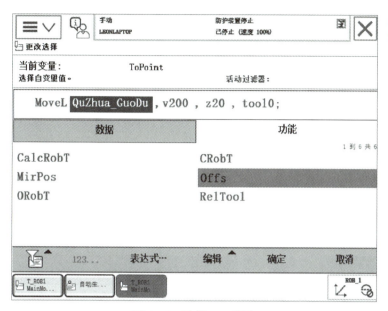

Offs 函数

图 6-39　选择 Offs 指令

Step3：在偏移参考点选择"QuZhua"，如图6-40所示。

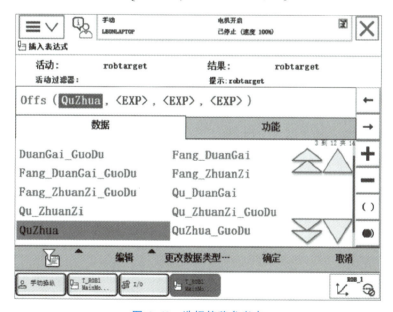

图 6-40　选择偏移参考点

Step4：选中 X 轴偏移值位置，单击"编辑"按钮，在弹出菜单中选择"仅限选定内容"命令，如图6-41所示。

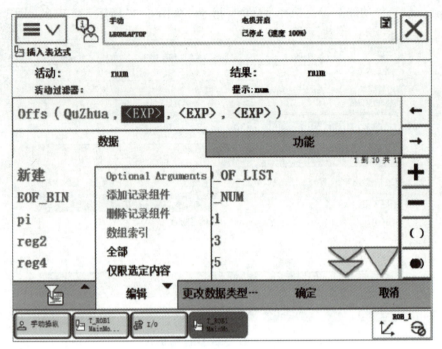

图 6-41　设置 X 轴偏移参数

Step5：在输入窗口输入"0"，完成后单击"确定"按钮返回，如图 6-42 所示。

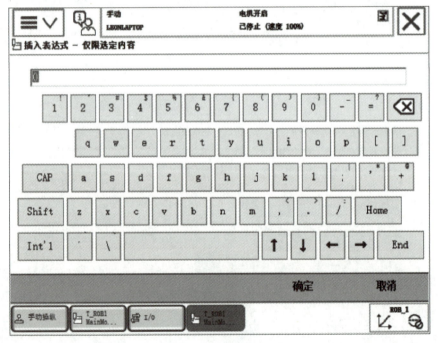

图 6-42　输入参数

Step6：将 Y 轴偏移值和 Z 轴偏移值分别设置为"0"和"100"，完成后返回程序编辑器，如图 6-43 所示。

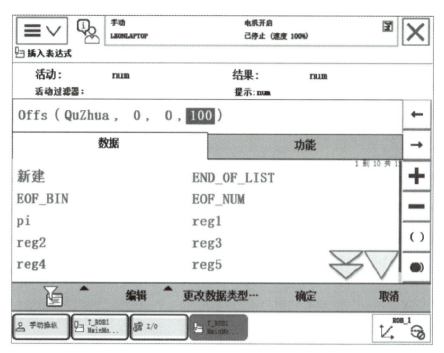

图 6-43 设置 *Y* 轴、*Z* 轴偏移参数

Step7：将拾取平口夹爪后的过渡点使用 Offs 指令进行修改，如图 6-44 所示。

图 6-44 修改过渡点

编写平口手爪拾取程序时，只需要示教起始点和取工具点，过渡点由 Offs 指令偏移计算可得，从而可以提高编程效率。表 6-3 所示为平口手爪拾取程序。

表 6-3　平口手爪拾取程序

序号	程序	程序说明
1	MoveAbsJ Home \ NoEOffs，v200，fine，tool0;	移动至起始位置
2	SetDO YV1，1;	主盘松开
3	SetDO YV2，0;	
4	MoveJ Zitai_GuoDu，v200，z50，tool0;	移动至取工具的姿态过渡点
5	MoveL Offs（QuZhua，0，0，100），v100，fine，tool0;	沿 Z 轴偏移 100 mm
6	SetDO YV1，0;	主盘锁紧（取工具）
7	SetDO YV2，1;	
8	WaitTime 1;	等待 1 s
9	MoveL Offs（QuZhua，0，0，100），v100，z20，tool0;	沿 Z 轴偏移 100 mm
10	MoveJ Zitai_GuoDu，v200，z50，tool0;	移动至取工具姿态过渡点
11	MoveAbsJ Home \ NoEOffs，v200，fine，tool0;	移动至拾取工具起始点

电机装配
编程应用

五、编写转子搬运程序

Step1：手动运行取工具程序拾取工具，打开例行程序"ZhuanZi_BY"。使用 MoveAbsJ 指令记录开始位置，将其命名为"Home"，如图 6-45 所示。

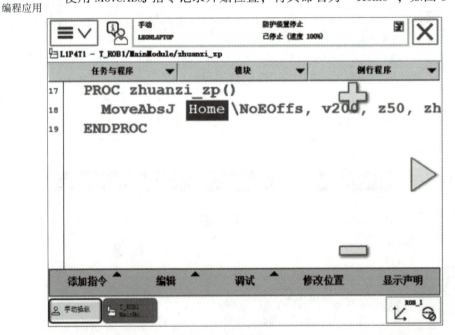

图 6-45　建立 Home 点

Step2：添加 SetDO 指令，信号选择 YV3，目标状态为 1，完成后单击"确定"按钮，如图 6-46 所示。

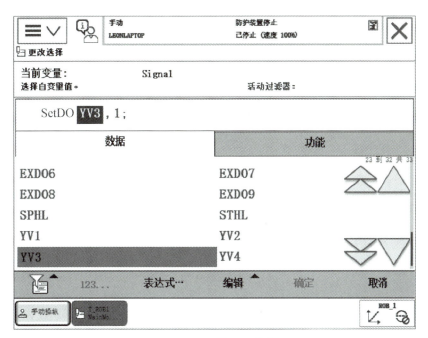

图 6-46 设置 YV3 信号

Step3：再次添加 SetDO 指令，信号选择 YV4，目标状态为 0，如图 6-47 所示。YV3 和 YV4 的信号控制夹爪的张开和闭合，在拾取工件前需保证夹爪张开状态。

图 6-47 设置 YV4 信号

Step4：将机器人移动到电机转子的拾取位置，如图 6-48 所示。

图 6-48   示教取转子点

Step5：记录取转子点和取转子过渡点，如图 6-49 所示。

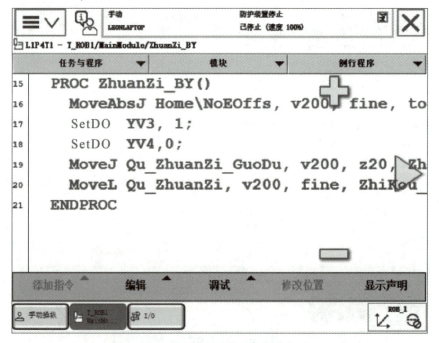

图 6-49   记录取转子相关点位

Step6：添加 SetDO 指令，闭合平口夹爪，完成转子抓取，如图 6-50 所示。

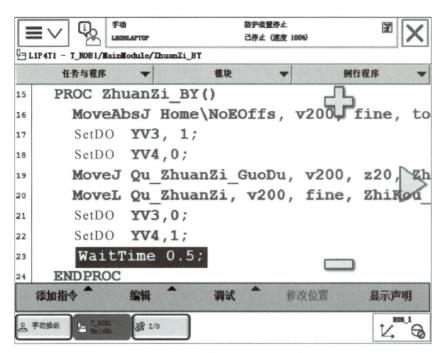

图 6-50　设置 YV3、YV4 信号

Step7：在数字输出监控界面手动控制夹爪闭合，抓取转子，如图 6-51 所示。

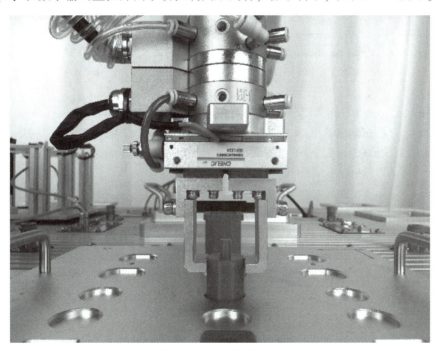

图 6-51　手动闭合夹爪

Step8：使用电机转子抓取的过渡位置作为抓取完成的过渡位置。将机器人移动到电机转子的放置位置，如图 6-52 所示。

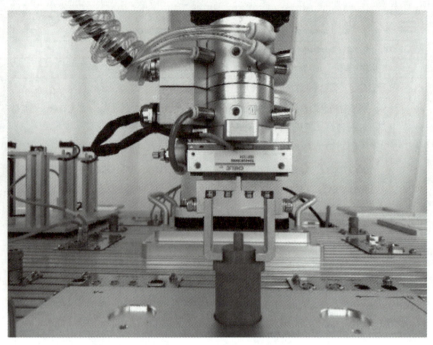

图 6-52　示教放转子点

Step9：记录放转子点和放转子过渡点，如图 6-53 所示。

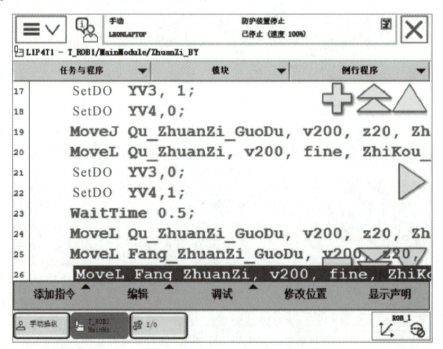

图 6-53　记录放转子相关点位

Step10：添加 SetDO 指令控制夹爪张开，并在数字输出监控界面手动控制夹爪张开，释放转子，如图 6-54 所示。

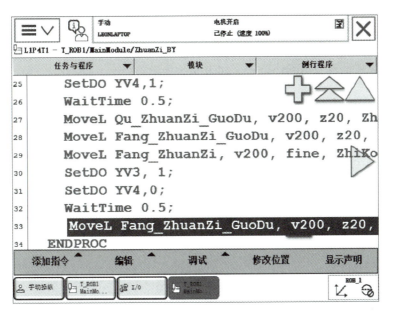

图 6-54　设置 YV3、YV4 信号

转子搬运程序如表 6-4 所示。

表 6-4　转子搬运程序

序号	程序	程序说明
1	MoveAbsJ Home\NoEOffs，v200，fine，tool0；	移动至起始位置
2	SetDO YV3，1；	夹爪张开
3	SetDO YV4，0；	
4	MoveJ Qu_ZhuangZi_GuoDu，v200，z20，ZhiKou_Tool；	移动至取转子过渡点
5	MoveL Qu_ZhuangZi，v200，fine，ZhiKou_Tool；	移动至取转子点
6	SetDO YV3，0；	夹爪闭合
7	SetDO YV4，1；	
8	WaitTime 0.5；	等待 0.5 s
9	MoveL Qu_ZhuangZi_GuoDu，v200，z20，ZhiKou_Tool；	移动至取转子过渡点
10	MoveL Fang_ZhuangZi_GuoDu，v200，z20，ZhiKou_Tool；	移动至放转子过渡点
11	MoveL Fang_ZhuangZi，v200，fine，ZhiKou_Tool；	移动至放转子点
12	SetDO YV3，1；	夹爪张开
13	SetDO YV4，0；	
14	WaitTime 0.5；	等待 0.5 s
15	MoveL Fang_ZhuangZi_GuoDu，v200，z20，ZhiKou_Tool；	移动至放转子过渡点

评价与总结

根据任务完成情况，填写评价表，如表6-5所示。

表6-5 任务评价表

任务：工业机器人搬运应用			实习日期：				
姓名：	班级：		学号：			导师签字：	
自评：□熟练 □不熟练	互评：□熟练 □不熟练		师评：□合格 □不合格				
日期：	日期：		日期：			日期：	
序号	评分项	得分条件	配分	评分要求	自评	互评	师评
1	认知能力	作业1：工业机器人搬运系统组成 □能正确叙述工业机器人搬运系统 作业2：搬运作业的末端执行器 □1. 能正确选择搬运作业常用的末端执行器 □2. 能正确完成辅助标定工具 □3. 能正确计算工业机器人的负载 □4. 能正确使用搬运编程知识	65	未完成1项扣4.5分，扣分不得超过65分	□熟练 □不熟练	□熟练 □不熟练	□合格 □不合格
2	叙述能力	□1. 能正确叙述加载和运行程序 □2. 能正确叙述和编写搬运程序	20	未完成1项扣10分，扣分不得超过20分	□熟练 □不熟练	□熟练 □不熟练	□合格 □不合格
3	资料、信息查询能力	□1. 能正确使用维修手册查询资料 □2. 能正确使用用户手册查询资料	10	未完成1项扣5分，扣分不得超过10分	□熟练 □不熟练	□熟练 □不熟练	□合格 □不合格
4	表单填写与报告的撰写能力	□1. 字迹清晰 □2. 语句通顺 □3. 无错别字 □4. 无涂改 □5. 无抄袭	5	未完成1项扣1分，扣分不得超过5分	□熟练 □不熟练	□熟练 □不熟练	□合格 □不合格
		总分					

拓展练习

一、选择题

1. ABB工业机器人中，安装在机器人末端的工具中心点所处的坐标系叫（　　）。

A. 工件坐标系　　　　B. 工具坐标系　　　　C. 大地坐标系　　　　D. 基坐标系

2. 工业机器人末端执行器的质量数据保存在工具数据的（　　　）参数里。

A. trans　　　　　　B. mass　　　　　　C. cog　　　　　　D. center

3. 由于执行运动程序时，机器人均是将 TCP 移至目标位置。为控制方便，常创建（　　　）将 TCP 移动至工具末端。

A. 基坐标　　　　　B. 工件坐标　　　　C. 大地坐标　　　　D. 工具坐标

4. （　　　）控制方式的机器人只控制工业机器人末端执行器在作业空间中某些规定的离散点的位姿。

A. 智能　　　　　　B. 力（力矩）　　　C. 连续轨迹　　　　D. 点位

5. 对于搬运机器人，当手爪上夹持的工件较重时，必须告知机器人工件质量和重心等，这就需要设置（　　　）。

A. 工具参数　　　　B. 工件参数　　　　C. 负载参数　　　　D. 位置参数

6. ABB 工业机器人中，默认的负载参数名称为（　　　）。

A. tool0　　　　　　B. load0　　　　　　C. wobj0　　　　　　D. reg0

7. ABB 工业机器人中，设置负载参数时，mass 参数用于设置（　　　）。

A. 负载质量　　　　　　　　　　　　　B. 负载重心的 X 方向偏移量

C. 负载重心的 Y 方向偏移量　　　　　D. 负载重心的 Z 方向偏移量

8. ABB 机器人的偏移指令是（　　　）。

A. Offs　　　　　　B. EXP　　　　　　C. CROBT　　　　　D. OROBT

9. 偏移指令 Offs（p10，50，0，100）中，数值 50 为（　　　）。

A. 点位数据　　　　B. X 方向偏移值　　C. Y 方向偏移值　　D. Z 方向偏移值

10. 偏移指令中默认的偏移值单位为（　　　）。

A. 米　　　　　　　B. 厘米　　　　　　C. 毫米　　　　　　D. 微米

二、判断题

1. ABB 工业机器人中，设置负载参数时需要修改的参数组主要是 mass、cog，可通过例行程序进行这两组参数的测量。（　　　）

2. 关节运动时，机器人不以 TCP 为参照，运动轨迹中机器人末端工具的姿态与位置不可以控制。（　　　）

3. 机器人工具参考坐标系是用来描述机器人末端执行器相对于固连在末端执行器上的坐标系的运动。（　　　）

4. 线性运动过程中轨迹可控，工具姿态不会改变，因此方便操作员的直观操作。（　　　）

5. 机器人的运动轨迹无直线或圆弧要求时，一般采用 MoveL 指令。（　　　）

6. ABB 工业机器人系统中，运动指令 MoveL 的轨迹不一定是直线。（　　　）

7. 编写平口手爪拾取程序时，只需要示教起始点和取工具点，过渡点由 Offs 指令偏移计算可得。（　　　）

8. 偏移指令常配合关节运动、线性运动指令使用，以运动指令选定的目标点为基准。（　　　）

9. 程序语句"MoveL Offs（p2，0，0，10），v500，z50，tool1；"的含义是将机械臂移动至 p2 点 X 轴方向正前方 10 mm 的位置。（　　　）

任务　工业机器人码垛应用

任务描述

随着工厂智能化水平的发展，工业生产对搬运速度的要求越来越高，传统的人工码垛只能应用在物料轻便、尺寸和形状变化大、吞吐量小的场合，这已经远远不能满足工业的需求，工业机器人码垛机应运而生。

工业机器人码垛是工作人员的手足与大脑功能的延伸和扩展，它可以代替人们在危险、有毒、低温、高热等恶劣环境中工作；帮助人们完成繁重、单调、重复的劳动，提高劳动生产率，保证产品质量。

工业机器人码垛通常分为堆垛和拆垛两种。堆垛是指利用工业机器人从指定的位置将相同工件按照特定的垛型进行码垛堆放的过程；拆垛是利用工业机器人将按照特定的垛型进行存放的工件依次取下，搬运至指定位置的过程。

如图 7-1 所示，工业机器人吸持输送带末端的箱子，并将箱子按照 2 行 3 列 2 层的方式堆放到栈板上，即为堆垛；若工业机器人将栈板上 2 行 3 列 2 层方式堆放的箱子一个一个地搬运到输送带上，即为拆垛。

图 7-1　工业机器人码垛应用

任务目标

1. 了解工业机器人码垛作业的常用垛型；
2. 掌握工业机器人循环指令在码垛任务中的使用方法；
3. 掌握工业机器人码垛位置的计算方法；
4. 掌握工业机器人码垛任务的编程方法；
5. 掌握工业机器人码垛任务程序调试的方法；
6. 掌握工业机器人码垛任务程序优化的方法。

知识准备

7.1　工业机器人码垛垛型

重叠式码垛
应用编程

　　码垛垛型指的是码垛时工件堆叠的方式方法，是指将工件有规律、整齐、平稳地码放在托盘上的码放样式。根据生产中工件的实际堆叠样式，码垛垛型通常有重叠式垛型和交错式两种。其中重叠式垛型分为一维重叠（X 方向、Y 方向或 Z 方向）、二维重叠（XY 平面、YZ 平面或 XZ 平面）和三维重叠（XYZ 三维空间）；交错式垛型又分为正反交错式、旋转交错式和纵横交错式，如图 7-2 所示。

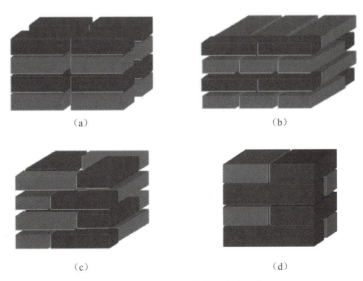

（a）　　　　　　　　　　　　　（b）

（c）　　　　　　　　　　　　　（d）

图 7-2　工业机器人码垛垛型
（a）重叠式垛型；（b）正反交错式垛型；（c）旋转交错式垛型；（d）纵横交错式垛型

　　重叠式垛型：各层码放方式相同，上下对应。
　　正反交错式垛型：同一层中，不同列的货物以 90°垂直码放，相邻两层的码放形式是另一层旋转 180°的形式。

旋转交错式垛型：同一层中相邻的两个工件互为 90°，相邻两层的码放形式是另一层旋转 180°的形式。

纵横交错式垛型：同一层码放形式相同，相邻两层的码放形式是另一层旋转 90°的形式。

7.2　编程知识

（一）FOR 指令

1. FOR 指令语法结构

ABB 机器人系统中，FOR 是重复执行判断指令，一般用于重复执行特定次数的程序内容，FOR 指令结构如表 7-1 所示。

表 7-1　FOR 指令结构说明

选项	说明
指令结构	FOR<ID>FROM<EXP1>TO<EXP2>STEP<EXP3>DO<SMT>ENDFOR
<ID>	循环判断变量
<EXP1>	变量起始值，第一次运行时变量等于这个值
<EXP2>	变量终止值，或叫作末尾值
<EXP3>	变量的步长，每运行一次 FOR 里面语句，变量值自加这个步长值，在默认情况下，步长 <EXP>是隐藏的，是可选变元项

2. FOR 指令的执行过程

程序指针执行到 FOR 指令，第一次运行时，变量<ID>的值等于<EXP1>的值，然后执行 FOR 和 ENDFOR 指令的指令片段，执行完以后，变量<ID>的值自动加上步长<EXP3>的值；然后程序指针跳去 FOR 指令，开始第二次判断变量<ID>的值是否在<EXP1>起始值和<EXP2>末端值之间。如果判断结果成立，则程序指针继续第二次执行 FOR 和 ENDFOR 指令的指令片段，同样执行完后变量<ID>的值继续自动加上步长<EXP3>的值；然后程序指针又跳去 FOR 指令，开始第三次判断变量是否在起始值和末端值之间，如果条件成立则又重复执行 FOR 里面语句，变量又自动加上步长值；直到当判断出变量<ID>的值不在起始值和末端值的时候，程序指针才跳到 ENDFOR 后面继续往下执行。

3. FOR 指令编程实例

FOR 循环指令的编程实例如表 7-2 所示。

表 7-2　FOR 循环指令编程实例

序号	程序	程序说明
1	PROC rFOR3( )	rFOR3 例行程序开始执行
2	X : = 0;	变量 X 赋值为 0

续表

序号	程序	程序说明
3	i := 1;	变量 i 赋值为 1
4	FOR i FROM 1 TO 3 DO	FOR 循环 3 次
5	X := X + 100;	变量 X 自增 100
6	ENDFOR	FOR 循环结束
7	i := i + 1;	变量 i 自增 1
8	WaitTime 3;	延时 3 s
9	ENDPROC	rFOR3 例行程序结束

（二）表达式的编辑

程序编写过程中，有时会遇到单个变量无法完全表达参数的情况，例如需要的值是 1 个常数和 1 个变量之和，此时就涉及表达式的使用。表达式指定了一个值的求值方法，在程序中用占位符 "<EXP>" 来表示，如图 7-3 所示。

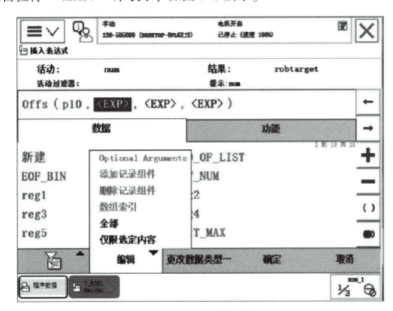

图 7-3　表达式的使用

1. 功能按钮

系统提供了表达式的编辑功能，如果当前编辑的指令参数支持表达式，在示教器右侧边栏会显示表达式编辑工具。工具有 6 个按钮，其功能如表 7-3 所示。

表 7-3　表达式编辑工具按钮及功能

按钮	功能
←	选择前一个操作数

续表

按钮	功能
 →	选择后一个操作数
 ＋	在选中操作数的右侧增加一个操作数及运算符（默认为+）
 －	删除选中的操作数及其左侧运算符
 ( )	在选中操作数两侧最近位置增加一对括号，如果选中的是运算符，则在相邻的操作数两侧
 ●	减少选中操作数两侧最近的一对括号

2. 运算符

系统支持的运算可以分为三类：四则运算、比较运算和逻辑运算，各类的运算符号如表 7-4 所示。

表 7-4　运算符

运算类型	运算符号	名称
四则运算	+	加法
	−	减法
	*	乘法
	/	除法
比较运算	=	等于
	<>	不等于
	>	大于
	<	小于
	>=	大于等于
	<=	小于等于
逻辑运算	AND	位与
	OR	位或
	NOT	位取反
	XOR	位异或

3. 运算符优先级

相关运算符的相对优先级决定了求值的顺序。圆括号能够区分出运算符的优先级。运算符的优先级如表 7-5 所示。

表 7-5　运算符优先级

优先级	运算符
最高	＊ 、／、DIV、MOD
↑	+、−
	<、>、<>、<=、>=、=
	AND
最低	XOR、OR、NOT

从功能上，运算式的编写只有在需要改变优先级时才使用圆括号。但实际上，出于对程序易读性的考虑，使用圆括号更容易将运算级别表达清楚。

4. 功能函数

除了运算符，系统还支持单个操作数的函数来实现复杂运算，经过函数运算后的操作数仍被视为一个操作数，即函数运算不改变操作数的数量，并且它的运算优先级也要高于运算符，如图 7-4 所示。

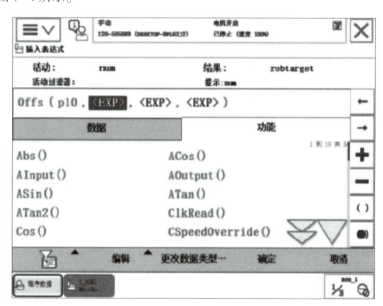

图 7-4　常用功能函数

除了使用功能键编辑表达式外，系统还支持直接编辑，也就是对选定操作数或者整个指令的编辑。在"编辑"菜单中选择"全部"选项，则可在输入框内对整个程序语句进行编辑，要求与选定内容编辑相同，如图 7-5 所示。

编辑时不能改变格式，如果格式出错，系统会以红色字体提示出错部分。

图 7-5　编辑程序语句

任务实施

设计重叠式
码垛流程

一、设计重叠式码垛流程

（一）程序流程

重叠式码垛程序可使用 FOR 循环实现，以码放的工件数作为循环次数，基于工件计数计算每个工件的取放位置。重叠式码垛程序流程如图 7-6 所示。

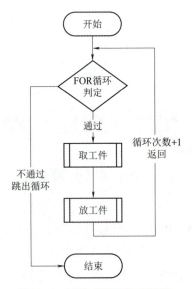

图 7-6　重叠式码垛程序流程

（二）工件拾取位置计算

令 1、2、3、4 号工件为第 1 行，5、6、7、8 号工件为第 2 行，如图 7-7 所示，则第 n 号工件对应的行数为 PickHang，列数为 PickLie。假设 pick 为拾取工件 1 的位置，即基准位置，则其 X、Y 方向的偏移值为 PickOffsX、PickOffsY。

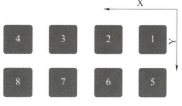

图 7-7　拾取工件分布

第 n 个工件对应拾取的行列及相应偏移值的计算方法如图 7-8 所示。

图 7-8　工件拾取位置计算程序

可以看到，如果使用传统的计数方式从 1 开始，则会产生很多加 1 减 1 的操作，增加了程序的长度，实际在使用中可以从 0 开始计数。如果使用从 0 开始计数，即工件数为 0~7，行数为 0~1，列数为 0~3，则程序可优化，如图 7-9 所示。

图 7-9　优化的工件位置计算程序

（三）工件放置位置计算

令 1、2、3、4 号工件放置在第 1 层，5、6、7、8 号工件放置在第 2 层，如图 7-10 所示。

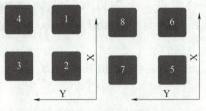

图 7-10　放置工件分布

1、2 号工件为一列，1、4 号为一行。第 n 号工件对应的行数 PutHang，列数为 PutLie，层数为 PutCeng。假设 put 位置为码放工件 1 的位置，即基准位置，其 X、Y、Z 方向的偏移值为 PutOffsX、PutOffsY，PutOffsZ。第 n 个工件对应拾取的行列及相应偏移值的计算方法如图 7-11 所示。

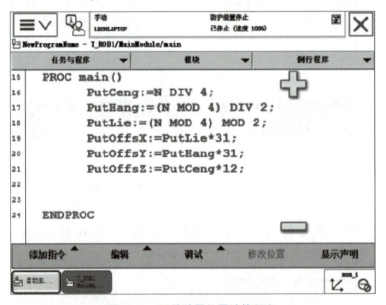

图 7-11　工件放置位置计算程序

二、添加 FOR 循环结构

创建码垛程序，利用 FOR 循环结构编写码垛程序，具体步骤如下。

Step1：创建并编写主程序 main，再创建取吸盘工具 Qu_GongJu、放吸盘工具 Fang_GongJu 和码垛 MaDuo 例行程序，如图 7-12 所示。

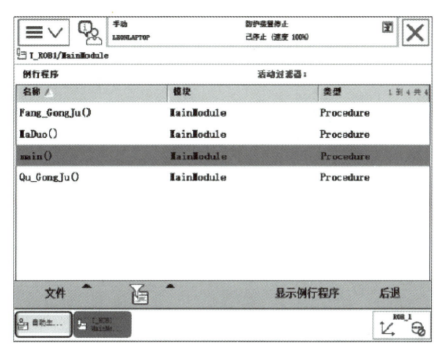

图 7-12　创建例行程序

Step2：创建并编写调用各个功能程序的主程序，如图 7-13 所示。

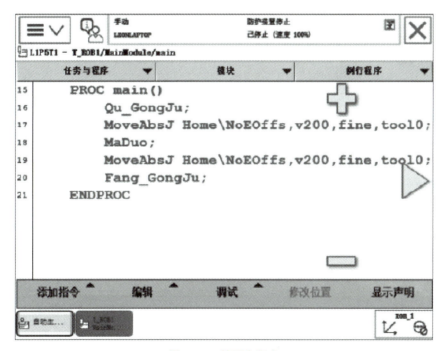

图 7-13　编写主程序

Step3：加载码垛例行程序到程序编辑器，添加 FOR 指令，如图 7-14 所示。

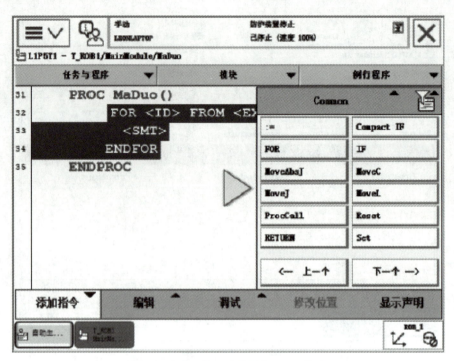

图 7-14　在码垛程序中添加 FOR 指令

Step4：双击"<ID>"位置，打开输入窗口，更改为"N"，如图 7-15 所示。

图 7-15　设置循环记次变量

Step5：双击"<EXP>"，打开更改选择窗口，单击"编辑"按钮，在弹出的列表中选择"仅限选定内容"命令，在弹出的输入窗口中将其更改为 0，如图 7-16 所示。

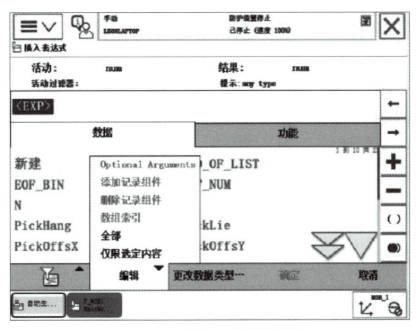

图 7-16　设置循环记次变量起始值

Step6：按照同样方法将另一个占位符更改为"7"，如图 7-17 所示。

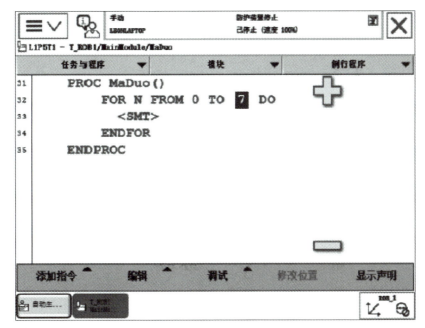

图 7-17　设置循环记次变量结束值

三、声明数值型变量

Step1：打开程序数据界面，选中"num"，单击"显示数据"按钮，如图 7-18 所示。

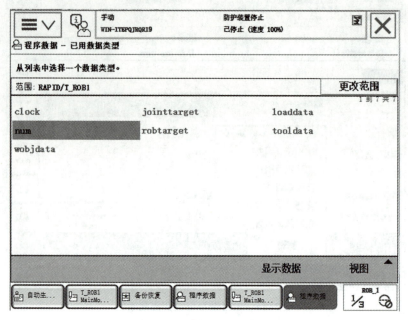

图 7-18　选择 num 型数据

Step2：系统中已声明 reg1~reg5 变量，可直接使用。单击"新建"按钮，如图 7-19 所示。

图 7-19　新建 num 型变量

Step3：将变量名称更改为"PickOffsX"，其他参数不修改，单击"确定"按钮，如图 7-20 所示。

图 7-20　重命名变量

Step4：新建"PickOffsX""PickOffsY""PutOffsX""PutOffsY""PutOffsZ""PickHang""PickLie""PutHang""PutLie""PutCeng"变量，如图 7-21 所示。

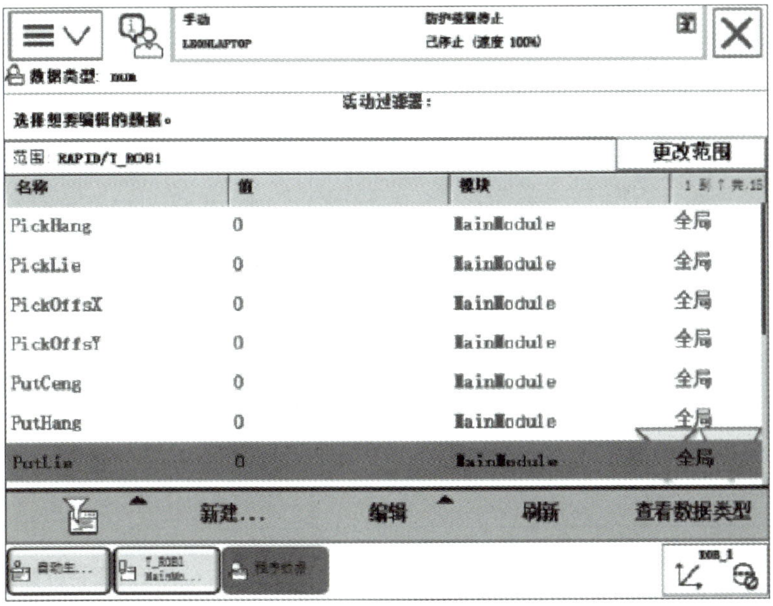

图 7-21　新建 num 型变量

四、编写重叠式码垛程序

编写重叠式码垛程序，如表 7-6 所示。

表 7-6　重叠式码垛程序

序号	程序	程序说明
1	PROC main( )	主程序开始运行
2	Qu_GongJu;	调用取工具 Qu_GongJu 例行程序
3	MaDuo;	调用码垛 MaDuo 例行程序
4	Fang_GongJu;	调用放工具 Fang_GongJu 例行程序
5	ENDPROC	主程序结束运行
6	PROC MaDuo( )	码垛例行程序
7	MoveAbsJ Home\NoEOffs,v200,fine,tool0;	工业机器人返回原点
8	FOR N FROM 0 TO 7 DO	FOR 循环 8 次
9	PickHang：=N DIV 4;	
10	PickLie：=N MOD 4;	
11	PickOffsX：=PickLie * 50;	
12	PickOffsY：=PickHang * 75;	
13	PutHang：=（N MOD）4DIV 2;	
14	PutLie：=（N MOD）MOD 2;	计算取放行列数据
15	PutCeng：=N DIV 4;	
16	PutOffsX：=PutLie * 31;	
17	PutOffsY：=PutHang * 31	
18	PutOffsZ：=PutCeng * 12;	
19	MoveJ Offs(pick,PickOffsX,PickOffsY,100),v200,z20,XiPan_Tool;	机器人到达工件吸持位置接近点
20	MoveL Offs(pick，PickOffsX，PickOffsY，0),v200,fine,XiPan_Tool;	机器人到达工件吸持位置点
21	SetDO YV5,1;	吸盘吸持工件
22	WaitDI SEN1,1;	等待真空检测信号为 1
23	MoveL Offs(pick,PickOffsX,PickOffsY,100),v200,z20,XiPan_Tool;	机器人到达工件吸持位置接近点
24	MoveL Offs(put,PutOffsX,PutOffsY,PutOffsZ+150),v200,z20,XiPan_Tool;	机器人到达工件放置位置接近点

续表

序号	程序	程序说明
25	MoveL Offs（put，PutOffsX，PutOffsY，PutOffsZ），v200，fine，XiPan_Tool；	机器人到达工件放置位置点
26	SetDO\Sync，YV5，0；	吸盘释放工件
27	SetDO\Sync，YV4，1；	开启真空破坏
28	WaitDI SEN1，0；	等待真空检测信号为0
29	WaitTime 0.1；	延时0.1 s
30	SetDO\Sync，YV4，0；	关闭真空破坏
31	MoveL Offs（put，PutOffsX，PutOffsY，PutOffsZ+150），v100，z20，XiPan_Tool；	机器人到达工件放置位置接近点
32	ENDFOR	FOR循环结束
33	MoveAbsJ Home\NoEOffs，v200，fine，tool0；	工业机器人返回原点码垛例行程序
34	ENDPROC	程序结束

五、记录取放点位数据

Step1：打开"程序数据"界面，选中"robtarget"，单击"显示数据"按钮，如图7-22所示。

计时指令

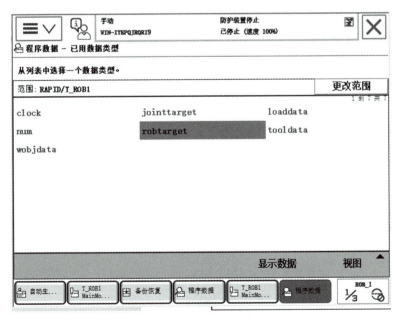

图7-22 显示robtarget型数据

Step2：在大地坐标系下将机器人移动到工件1的拾取点位，如图7-23所示。

图 7-23　示教工件 1 的拾取点位

Step3：单击"编辑"按钮，在弹出的列表中选择"修改位置"命令，如图 7-24 所示。

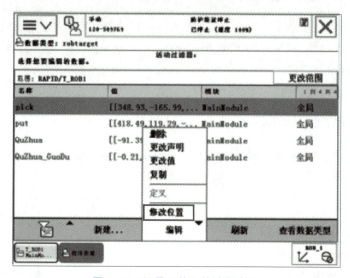

图 7-24　记录工件 1 的拾取点位

Step4：将机器人移动到工件 1 的放置点位，然后按照同样方法修改放置点位变量 put 的值，如图 7-25 所示。

图 7-25　示教工件 1 的放置点位

评价与总结

根据任务完成情况，填写评价表，如表 7-7 所示。

表 7-7　任务评价表

任务：工业机器人码垛应用			实习日期：				
姓名：	班级：		学号：		导师签字：		
自评：□熟练 □不熟练	互评：□熟练 □不熟练		师评：□合格 □不合格				
日期：	日期：		日期：		日期：		
序号	评分项	得分条件	配分	评分要求	自评	互评	师评
1	认知能力	作业1：工业机器人码垛垛型 □1. 能正确识别工业机器人码垛垛型 □2. 能正确使用 FOR 指令 □3. 能正确使用表达式 □4. 能正确使用运算符 □5. 能正确使用功能函数 作业2：码垛任务编程 □1. 能合理选择码垛垛型 □2. 能正确编写工业机器人码垛位置计算程序 □3. 能正确编写工业机器人的码垛任务程序 作业3：码垛任务调试 □能正确完成码垛任务程序优化	65	未完成1项扣4.5分，扣分不得超过65分	□熟练 □不熟练	□熟练 □不熟练	□合格 □不合格
2	叙述能力	□1. 能正确叙述加载和运行程序 □2. 能正确叙述和编写码垛程序	20	未完成1项扣10分，扣分不得超过20分	□熟练 □不熟练	□熟练 □不熟练	□合格 □不合格
3	资料、信息查询能力	□1. 能正确使用维修手册查询资料 □2. 能正确使用用户手册查询资料	10	未完成1项扣5分，扣分不得超过10分	□熟练 □不熟练	□熟练 □不熟练	□合格 □不合格
4	表单填写与报告的撰写能力	□1. 字迹清晰 □2. 语句通顺 □3. 无错别字 □4. 无涂改 □5. 无抄袭	5	未完成1项扣1分，扣分不得超过5分	□熟练 □不熟练	□熟练 □不熟练	□合格 □不合格
		总分					

拓展练习

一、选择题

1. 以下哪种不是常用的码垛垛型？（　　）

A. 重叠式垛型　　　　　　　　　　　　B. 正反交错式垛型

C. 前后交错式垛型　　　　　　　　　　D. 纵横交错式垛型

2. 在 RAPID 语言中，不可实现分支结构功能的指令语句是（　　）。

A. FOR　　　　　　B. IF　　　　　　C. COMPACT IF　　　　D. TEST

3. 要实现图 7-26 所示的运行结果，机器人程序编写正确的是（　　）。

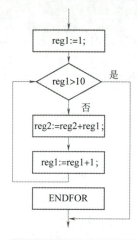

图 7-26　选择题 3 用图

A. FOR reg1 FROM 1 TO 10 DO;

```
reg2:= reg1+ reg2;
ENDFOR;
```

B. FOR reg1 FROM 1 TO 10 DO

```
reg2:= reg1+ reg2;
reg1:= reg1+1;
ENDFOR
```

C. FOR reg1 FROM 1 TO 10 DO

```
reg2:= reg1+ reg2;
ENDFOR
```

D. FOR reg1 FROM 1 TO 10 STEP 2 DO

```
reg2:= reg1+ reg2;
ENDFOR
```

4. 下列语句运行一次后, reg2 的值为 (   )。

```
reg2:=0;
FOR reg1 FROM 1 TO 5 DO
reg2:= reg1+ reg2;
ENDFOR
```

A. 10   B. 15   C. 17   D. 21

5. 指令 "MoveL p30, v100, fine, tool0;" 中, v100 表示 (   )。

A. 移动速度为 100 mm/min   B. 移动速度为 100 mm/s

C. 移动距离 100 m   D. 移动距离 100 mm

6. 下列哪个指令可用于等待一个数字量输入信号? (   )

A. WaitDO   B. WaitDI   C. WaitAI   D. WaitTime

7. 对于 ABB 工业机器人, "WaitDI FrPigReady, 1;" 语句解释正确的是 (   )。

A. 等待数字输入信号 FrPigReady 的值为 1

B. 等待数字输出信号 FrPigReady 的值为 1

C. 等待模拟输入信号 FrPigReady 的值为 1

D. 以上都不对

8. Set 指令的功能是 (   )。

A. 设定组输出信号的值   B. 设定数字输出信号的值

C. 设定模拟输出信号的值   D. 将数字输出信号置为 1

9. 对于有规律的轨迹, 仅示教几个特征点, 计算机就能利用 (   ) 获得中间点的坐标。

A. 优化算法   B. 平滑算法   C. 预测算法   D. 插补算法

10. 所谓无姿态插补, 即保持第一个示教点时的姿态。在大多数情况下是机器人沿 (   ) 运动时出现的。

A. 平面圆弧   B. 直线   C. 平面曲线   D. 空间曲线

二、判断题

1. FOR 指令适用于一条或多条语句需要重复执行数次的情况。(   )

2. FOR 指令后面的步长默认为 1, 当步长不为 1 时, 可在指令后面添加 STEP 来指明步长。(   )

3. ABB 工业机器人备份的系统不具有唯一性, 可将一台机器人的系统恢复到另一台工业机器人中去。(   )

4. ABB 工业机器人中, 选择的运动方式不同, 显示的位置数据类型也不可能相同。(   )

5. ABB 工业机器人中, 可选择参考坐标为基坐标、大地坐标、工件坐标、工具坐标中的任意一种。(   )

任务　工业机器人绘图应用

任务描述

本任务主要应用绘图笔工具在斜面上绘制给定的图形，通过工件坐标系的标定、坐标系变换指令的应用，实现工业机器人高效、便捷地绘制相同图形轨迹。

通过使用金属笔工具标定绘图模块斜面工件坐标系，掌握 6 点法标定工件坐标系和工件坐标系变换方法，掌握工件坐标系变换和位置偏置指令的使用，并在绘图模块斜面上绘制相同的图形轨迹。

任务目标

1. 掌握直接输入法标定工具坐标系的方法；
2. 掌握 3 点法和 6 点法标定工件坐标系的方法；
3. 掌握用户框架和工件框架的基本概念；
4. 掌握工件数据的参数和结构；
5. 认识工业机器人绘图程序的结构；
6. 掌握位置偏置指令的使用方法。

知识准备

工件坐标系
标定及绘图

8.1　工具坐标系

工具坐标系是工业机器人作业必需的坐标系，建立工具坐标系的目的是确定工具的 TCP 位置和安装方式（姿态）。通过建立工具坐标系，工业机器人使用不同的工具作业时，只需要改变工具坐标系，就能保证 TCP 到达指令点，而无须对程序进行其他修改。

工业机器人手腕上的工具安装法兰面和中心点是工具的安装定位基准。以工具安装法兰中心点（TRP）为原点、垂直工具安装法兰面向外的方向为 Z 轴正向、手腕向机器人外侧运动的方向为 X 轴正向的虚拟笛卡儿直角坐标系，称为工业机器人的手腕基准坐标系，通常用 tool0 表示。手腕基准坐标系是建立工具坐标系的基准，如未设定工具坐标系，控制系统将默认为工具坐标系和手腕基准坐标系重合。

工具坐标系是用来确定工具 TCP 位置和工具方向（姿态）的坐标系，它通常是以 TCP 为原点、以工具接近工件方向为 Z 轴正向的虚拟笛卡儿直角坐标系；常用的工业机器人工具坐标系如图8-1所示。

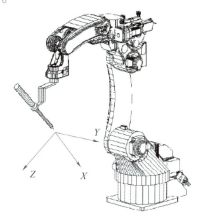

图8-1 工具坐标系

工具坐标系 tframe 数据是 TCP 相对于 tool0 的坐标值和工具坐标系相对于 tool0 的方向，如图8-2所示。

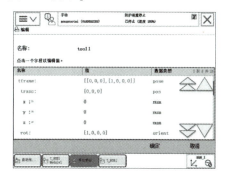

（a）   （b）

图8-2 工具数据设置界面

（a）tfrans 值；（b）rot 值

工具负载 tload 包括工具的质量 mass、工具的重心相对于 tool0 的坐标值 cog、工具主惯性轴的方向、围绕惯性轴的惯性矩，如图8-3所示。

图8-3 工具负载设置界面

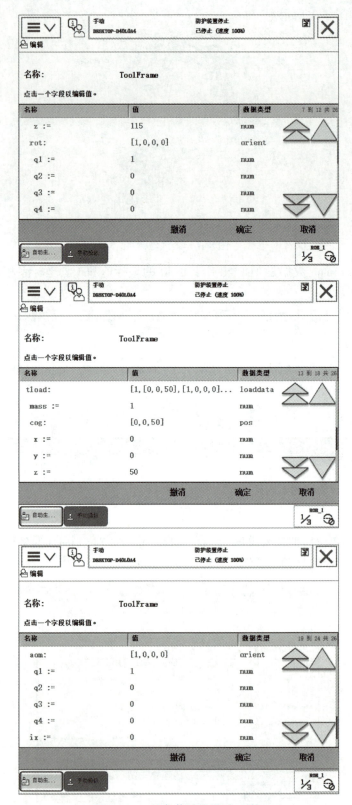

图 8-3　工具负载设置界面（续）

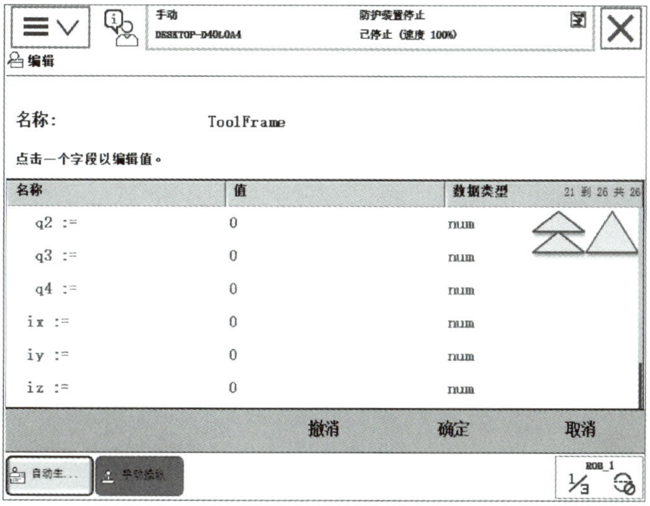

图 8-3 工具负载设置界面（续）

8.2 工件框架

工件坐标系是以工件为基准来描述 TCP 运动的虚拟笛卡儿坐标系。对工业机器人进行编程，就是在工件坐标系中创建目标和路径。

通过建立工件坐标系，机器人需要对不同工件进行相同作业时，只需要改变工件坐标系，所有的路径即可随之更新，就能保证工具 TCP 到达指令点，而无须对程序进行其他修改。

工件坐标系可在用户坐标系的基础上建立，并允许有多个，如图 8-4 所示。对于工具固定、机器人用于工件移动的作业，必须通过工件坐标系来描述 TCP 与工件的相对运动。

在 RAPID 程序中，工件坐标系同样需要通过工件数据定义；如果机器人仅用于单工件作业，系统默认用户坐标系和工件坐标系重合，无须另行设定工件坐标系。

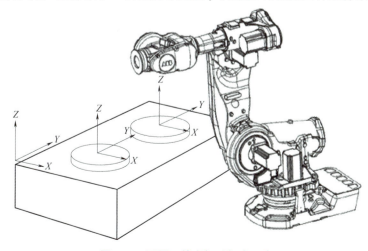

图 8-4 不同工件坐标系标定示意

工件坐标系符合右手法则，如图 8-5 所示。

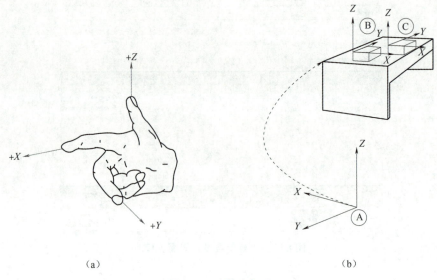

（a）　　　　　　　　　　　　（b）

图 8-5　工件坐标系

（a）右手法则；（b）Ⓐ为大地坐标系，Ⓑ、Ⓒ为工件坐标系

工件坐标系的标定使用 3 点法，如图 8-6 所示。为保证标定点位置的准确，需使用已定义的标定工具，如图 8-7 所示，ToolFrame 为当前使用的已定义标定工具，wobj1 为需要标定的工件坐标系。

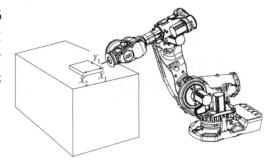

图 8-6　工件框架

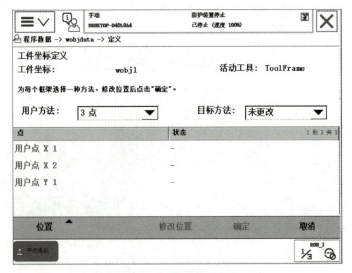

图 8-7　3 点法标定工件坐标系

8.3 用户框架

在工作台的平面上，定义三个点，就可以建立一个用户框架。如图 8-8 所示，X_1 点确定工件坐标系的原点，X_1、X_2 确定工件坐标系 X 轴正方向；Y_1 点确定工件坐标系 Y 轴正方向。用户框架相当于为工件所在的工作台定义一个坐标系，因此工件坐标系有时也称为用户坐标系。

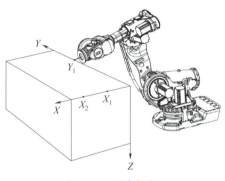

图 8-8　用户框架

8.4 对准功能

ABB 工业机器人系统的对准功能可用于将系统中已定义的工具对准已定义的坐标系。该功能菜单在手动操纵窗口下，要先设定需要对准的目标坐标系。如目标坐标系为工件坐标系，则应设定需对准的工件坐标系。

对准功能的设置界面如图 8-9 所示，单击左下角"对准"按钮可进入对准窗口。

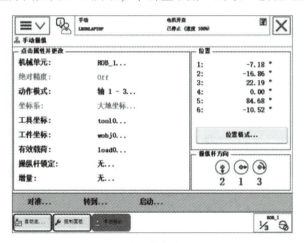

图 8-9　对准功能的设置界面

在"坐标"选择栏下拉菜单中选择要对准的坐标系类型，如图 8-10 所示。坐标系类型有三种：大地坐标系、基坐标系和工件坐标系。其中大地坐标系与基坐标系通常是重合的, 对准效果一致。如果选择工件坐标系, 则对准手动操纵界面下设定的工件坐标系。坐标系选择完成后, 按住机器人使能按键, 按住 "开始对准" 按钮, 直到当前工具坐标系 Z 轴垂直于目标坐标系的 XY 平面。工业机器人运动过程中如果松开 "开始对准" 按钮, 则工业机器人停止。如果工业机器人因运动学奇异点等问题无法到达目标姿态, 也会停止, 同时报警。

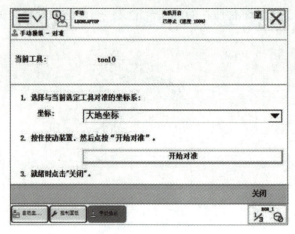

图 8-10　对准功能界面

任务实施

一、输入金属笔工具坐标系

采用直接输入法, 输入金属笔的工具数据, 完成工具坐标系的标定。标准金属笔工具的长度为 170 mm, 因此, 金属笔工具坐标系的数据为 (0, 0, 170, 0, 0, 0), 具体操作步骤如下。

Step1: 创建工具绘图笔和金属笔的工具数据。选中 "Tool_MetalPen", 单击 "编辑" 按钮, 在弹出的菜单中选择 "更改值", 如图 8-11 所示。

图 8-11　选择工具坐标系

Step2：将 z 的值更改为 170，如图 8-12 所示。

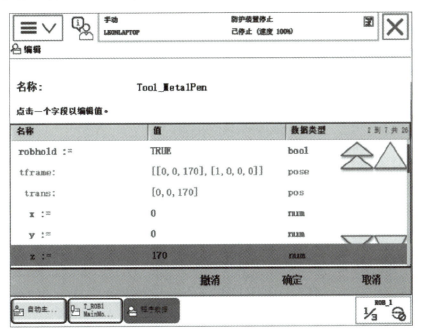

图 8-12　修改工具坐标系的 z 值

Step3：将"mass"的值更改为 1，完成后单击"确定"按钮，如图 8-13 所示。

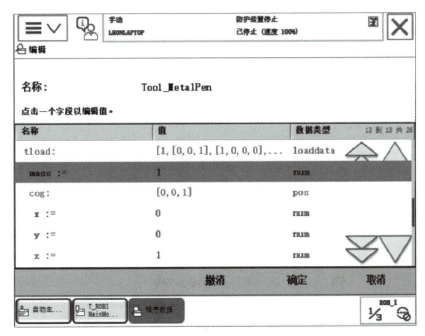

图 8-13　修改工具的质量

Step4：在"手动操纵"界面加载金属笔工具 Tool_MetalPen，如图 8-14 所示。

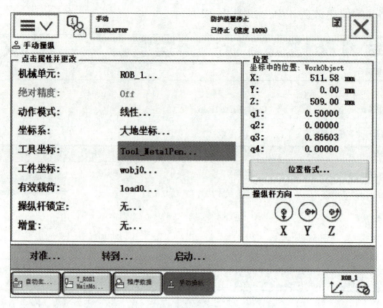

图 8-14　加载金属笔工具 Tool_MetalPen

二、标定工件坐标系

标定工件
坐标系

　　使用金属笔工具，选择 3 点法标定工业机器人绘图任务的工件坐标系 wobj_Plane，具体操作步骤如下。

　　Step1：打开"程序数据"界面；选中"wobjdata"，单击"显示数据"按钮，如图 8-15 所示。

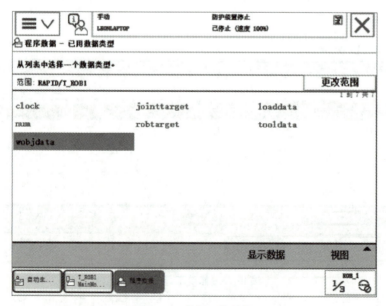

图 8-15　选择工件数据

Step2：在工具数据编辑界面，单击"新建"按钮，如图8-16所示。

图 8-16　新建工件坐标系

Step3：将名称更改为 wobj_Plane，单击"确定"按钮，如图 8-17 所示。

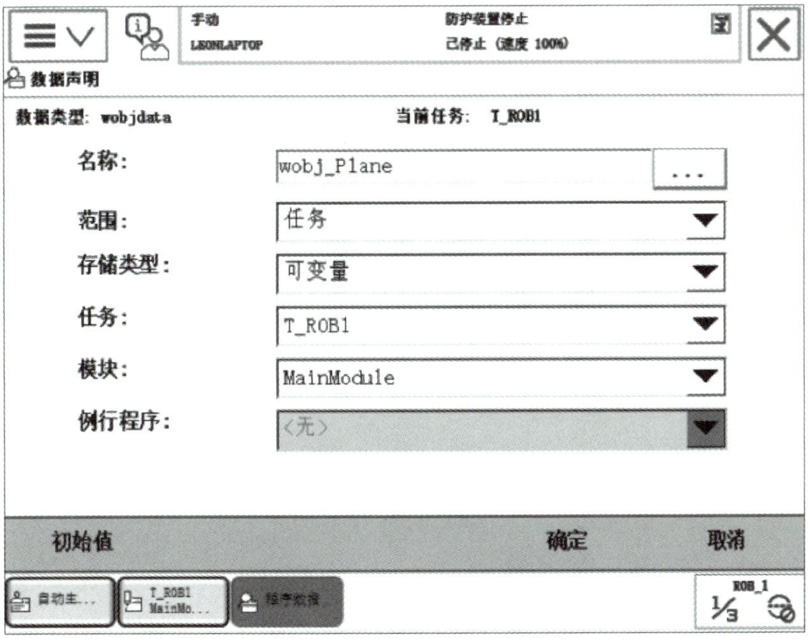

图 8-17　修改工件坐标系名称

Step4：选中"wobj_Plane"，单击"编辑"按钮，在弹出的菜单中选择"定义"，如图 8-18 所示。

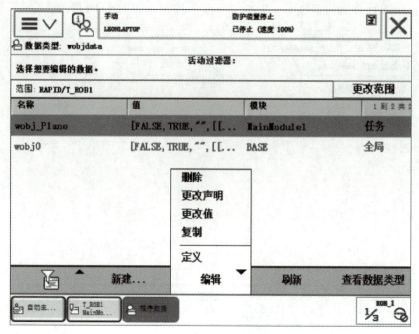

图 8-18　定义坐标系

Step5：单击"用户方法"，选择"3 点"，如图 8-19 所示。

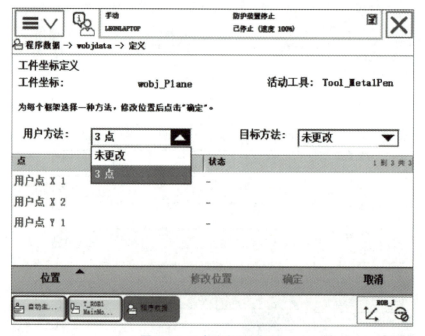

图 8-19　3 点法定义坐标系

Step6：将工业机器人金属笔工具移动至绘图模块上坐标系原点 O 位置，如图 8-20 所示。选中"用户点 X1"，单击"修改位置"按钮。

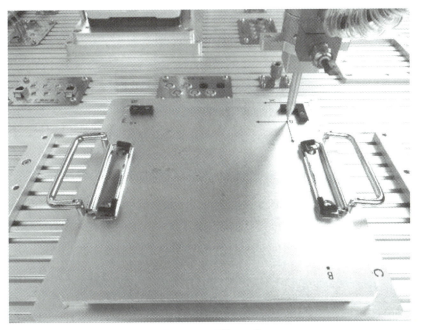

图 8-20　示教 X_1 点

Step7：将工业机器人金属笔工具移动至绘图模块上坐标系 X 方向 A 点位置，如图 8-21 所示。

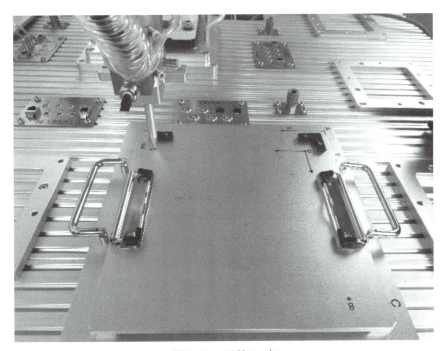

图 8-21　示教 X_2 点

Step8：选中"用户点 X2"，单击"修改位置"按钮，如图 8-22 所示。

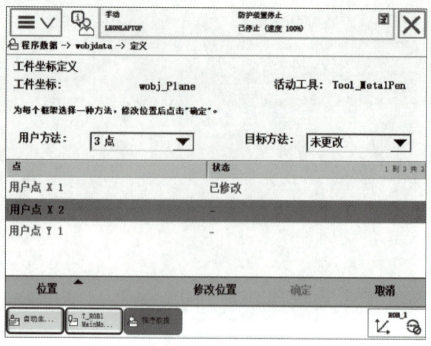

图 8-22　记录 X_2 点数据

Step9：将工业机器人移动至绘图模块上坐标系 Y 轴任意点位置，如图 8-23 所示。

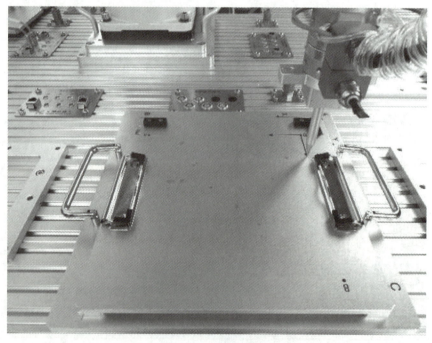

图 8-23　示教 Y_1 点

Step10：选中"用户点 Y1"，单击"修改位置"按钮，如图 8-24 所示。

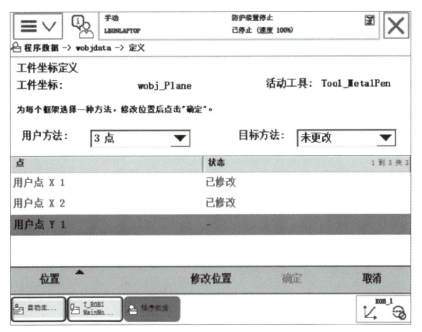

图 8-24　记录 Y_1 点数据

Step11：如图 8-25 所示，所有点的状态都显示为"已修改"，单击"确定"按钮，计算数据。

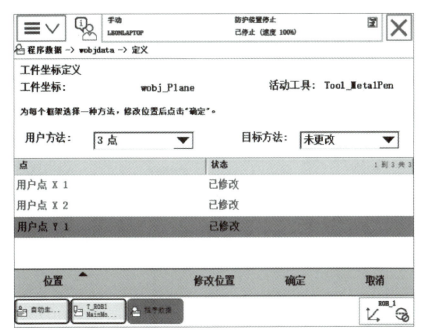

图 8-25　计算工件坐标系数据

Step12：单击"确定"按钮，确认数据，如图 8-26 所示。如果要修改，可以单击"取消"按钮返回定义窗口重新示教。

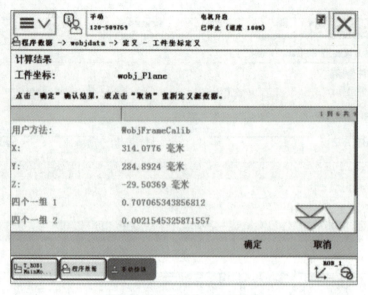

图 8-26　确认工件坐标系数据

三、编写绘图程序

创建绘图程序，调用工件坐标系 wobj_Plane（新建后不做数据修改，等同于默认工件坐标系 tool0）编辑工业机器人程序，在水平绘图模块平面上绘制图案，绘图形状如图 8-27 所示。然后将绘图模块倾斜（约 30°），重新标定斜面工件坐标系 wobj_Plane，在新的工件坐标系下，再次运行绘图程序，绘制相同图形，具体操作步骤如下。

图 8-27　绘图图形

Step1：创建用于取放工具和绘图的例行程序 Drawing，如图 8-28 所示。

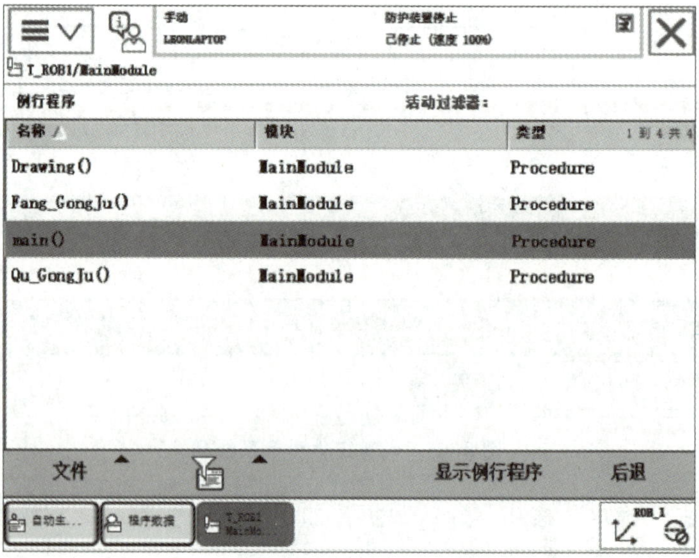

图 8-28　创建例行程序

Step2：打开例行程序"Drawing"编辑窗口，对照图形，编写绘制图形的程序，如图 8-29 所示。

图 8-29　编写例行程序"Drawing"

Step3：选中"MoveL"指令，如图 8-30 所示，单击该位置，进入"更改选择"窗口。

图 8-30　选中"MoveL"指令

Step4：在图 8-31 所示的"更改选择"窗口，单击"可选变量"按钮，更改参数。

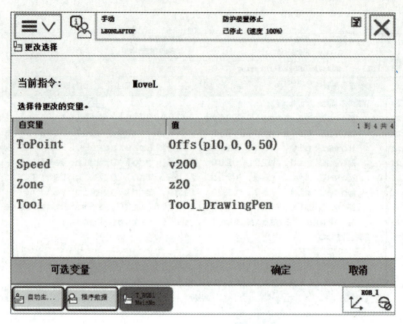

图 8-31　"更改选择"窗口

Step5：选中参数"\WObj"，单击"使用"按钮，如图 8-32 所示。

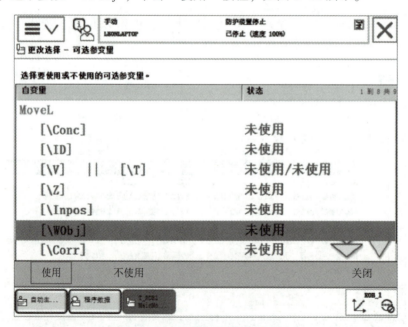

图 8-32　选择工件坐标系参数

Step6：在弹出窗口单击"是"按钮确认，并返回可选参变量窗口，单击"关闭"按钮返回选择窗口，如图 8-33 所示。

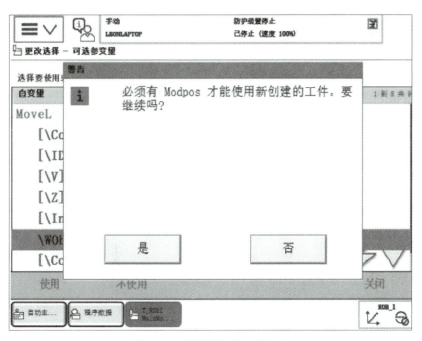

图 8-33　返回可选参变量窗口

Step7：选中指令中的"\WObj"参数，弹出如图 8-34 所示界面。

图 8-34　选择"\WObj"参数

Step8：将"\WObj"参数的值更改为标定的工件坐标系"wobj_Plane"，单击"确定"按钮，返回程序编辑器，如图 8-35 所示。

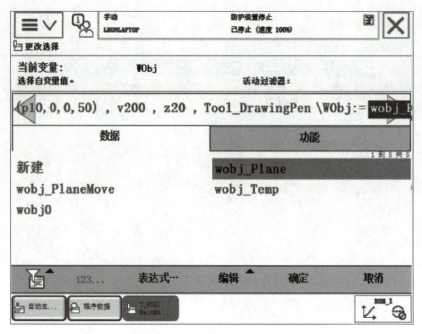

图 8-35　选择已标定的工件坐标系

Step9：采用同样方法，修改其他运动指令的 "\WObj" 参数，不修改 MoveAbsJ 指令，如图 8-36 所示。

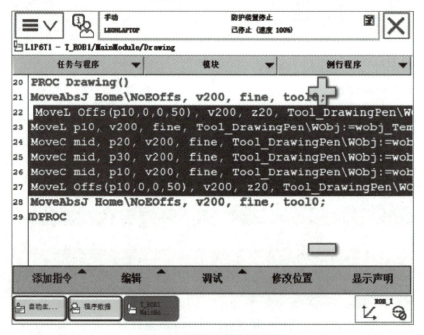

图 8-36　修改其他运动指令

Step10：在 "手动操纵" 界面将工具坐标系修改为 "Tool_DrawingPen"，工件坐标系修改为 "wobj_Plane"，如图 8-37 所示。

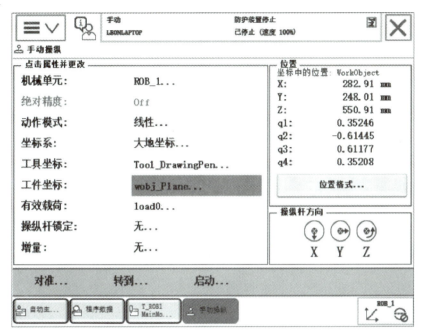

图 8-37　修改工具、工件坐标系

Step11：修改各个位置变量对应的关键点位置，完成后运行程序，如图8-38 所示。

图 8-38　示教图形关键点

Step12：调整绘图模块角度，形成斜面状态，如图8-39 所示。

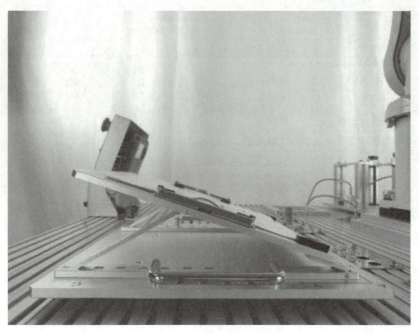

图 8-39　调整绘图模块角度

Step13：使用 3 点法重新标定工件坐标系 wobj_Plane。第一个示教点，即工件坐标系原点，如图 8-40 所示。

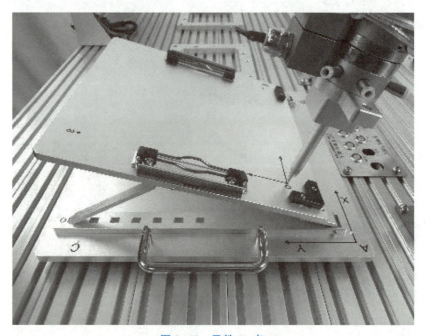

图 8-40　示教 X_1 点

Step14：第二个示教点，即 X 方向上的点 X_2，如图 8-41 所示。

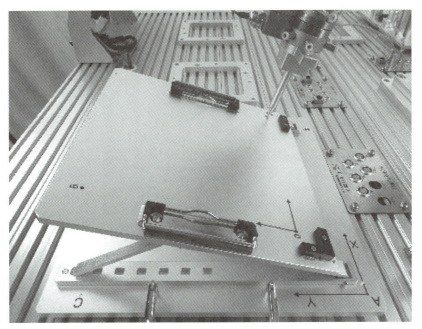

图 8-41 示教 X_2 点

Step15：第三个示教点，即 Y 方向上的点 Y_1，如图 8-42 所示。

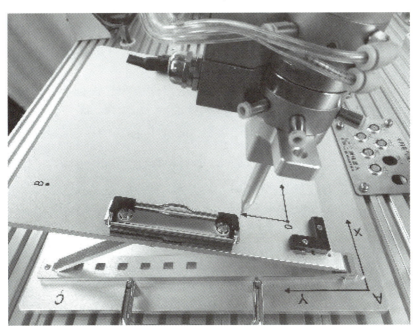

图 8-42 示教 Y_1 点

Step16：再次运行程序，查看运行结果，如图 8-43 所示。

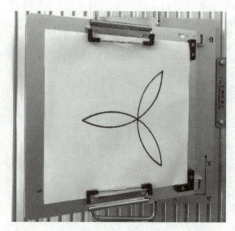

图 8-43　运行绘图程序

四、基于工件坐标系变换的绘图

基于工件坐标
系变换的绘图

　　ABB 工业机器人系统支持自定义工作空间，机器人在自定义空间中仍可实现线性及重定位动作。在实际应用场景中，这一特性可用于解决工作区域与机器人大地坐标系（基坐标系）非正交状态时操作不便的问题。也可以通过重新定义工作空间的方式，将自定义空间内的动作移动至其他位置，从而实现程序的复用。本任务首先标定工件坐标系绘制矩形，然后，将工件坐标系沿 X 轴和 Y 轴进行平移变化，在新的坐标系下，运行绘制矩形的程序，可观察到矩形随着工件坐标系的变换发生了位移，具体操作步骤如下。

1.6 点法标定工件坐标系

六点法标定
工件坐标系

　　用 6 点法标定工件坐标系的用户框架和工件框架，用户框架位于绘图模块平面，工件框架位于绘图纸上，如图 8-44 所示。工件用户数据"wobj_Plane2"和工件框架数据"wobj_Temp"的标定步骤如下。

工件框架

用户框架

图 8-44　用户框架与工件框架位置

Step1：创建程序 L1P6T2，创建工件数据"wobj_Plane2"和"wobj_Temp"。选择"wobj_Plane2"，单击"编辑"按钮，如图 8-45 所示。

图 8-45　创建工件数据

Step2：将"用户方法"和"目标方法"都设为 3 点，如图 8-46 所示。

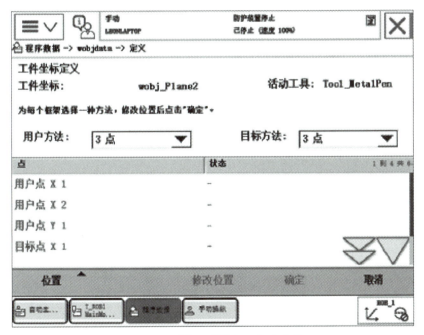

图 8-46　选择工件坐标系标定方法

Step3：手动操纵工业机器人至图中位置 X_1，单击"修改位置"按钮，如图 8-47 所示。

图 8-47   示教并记录 X_1 点

Step4：手动操纵工业机器人至图中位置 X_2，单击"修改位置"按钮，如图 8-48 所示。

图 8-48   示教并记录 X_2 点

Step5：手动操纵工业机器人至图中位置 Y_1，单击"修改位置"按钮，如图 8-49 所示。

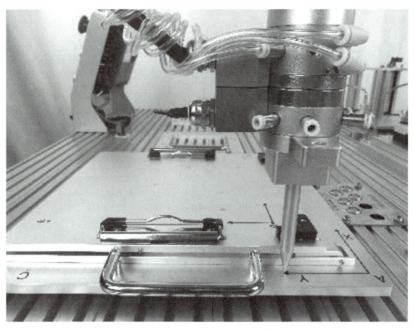

图 8-49　示教并记录 Y_1 点

Step6：利用同样的方法，按照图中位置，依次修改目标点 X_1、X_2、Y_1 位置。X_1 示教位置，如图 8-50 所示。

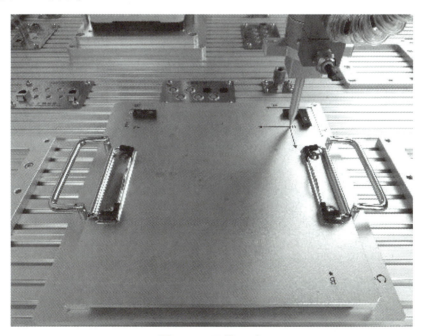

图 8-50　示教 X_1 点

Step7：X_2 示教位置，如图 8-51 所示。

图 8-51　示教 X_2 点

Step8：Y_1 示教位置，如图 8-52 所示。

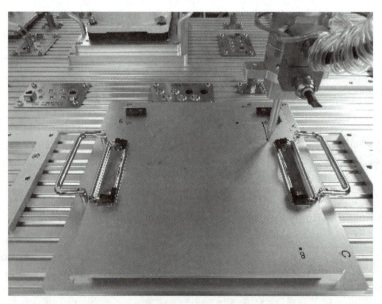

图 8-52　示教 Y_1 点

2. 编制基于工件坐标系变换的绘图程序

通过工件坐标系 X、Y 轴的平移变换，定义新的工件坐标系，在新的工件坐标系下，运行平面绘图程序，实现图形的位移，具体操作步骤如下。

Step1：打开绘图程序"Drawing"，添加赋值指令，将工件坐标系数据 wobj_Plane2 赋值给 wobj_Temp，如图 8-53 所示。

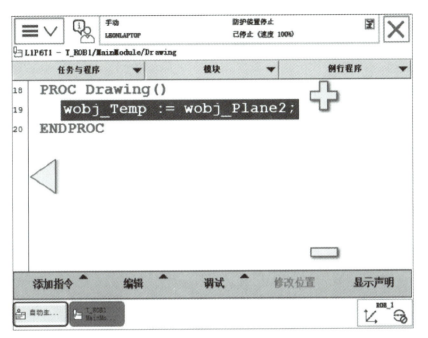

图 8-53　赋值工件坐标系

Step2：编写绘图程序，如图 8-54 所示。

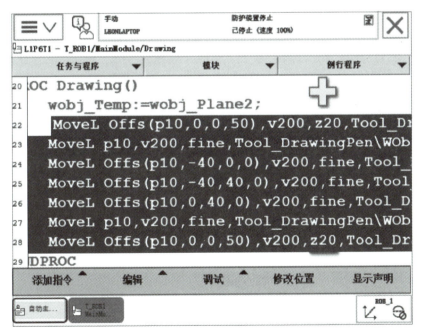

图 8-54　绘图程序

Step3：调试程序，绘制矩形，如图 8-55 所示。

图 8-55　绘制矩形

Step4：添加赋值指令，单击"更改数据类型"按钮，如图 8-56 所示。

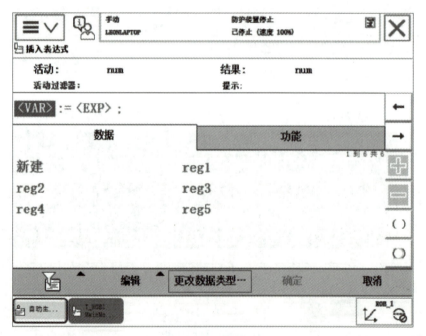

图 8-56　添加赋值指令

Step5：找到并选中"wobjdata"，单击"确定"按钮，如图 8-57 所示。

图 8-57　选择"wobjdata"

Step6：选中"wobj_Temp"，单击"编辑"按钮，在弹出的菜单中选择"添加记录组件"，如图 8-58 所示。

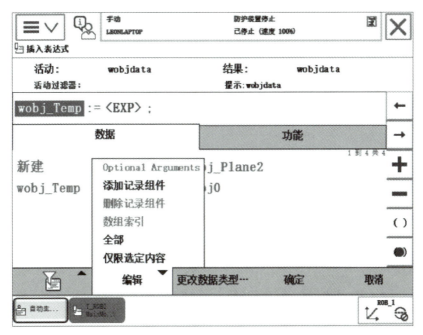

图 8-58　添加记录组件

Step7：选中"robhold"，更改为"oframe"，如图 8-59 所示。

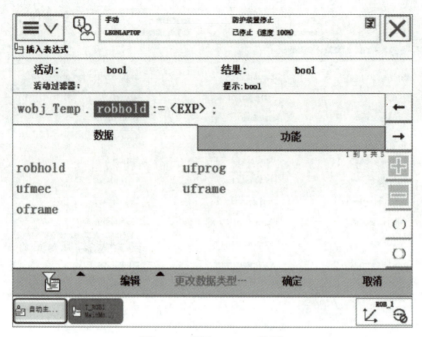

图 8-59　更改 robhold 位置

Step8：单击"编辑"按钮，在弹出的菜单中选择"添加记录组件"，如图 8-60 所示。

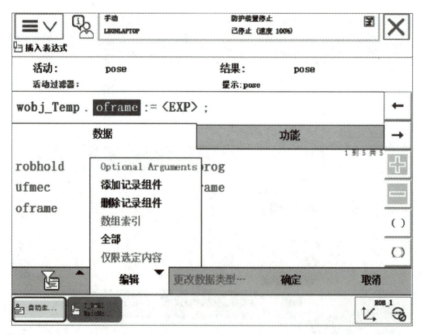

图 8-60　添加记录组件

Step9：选中"trans"，单击"编辑"按钮，在弹出的菜单中选择"添加记录组件"，如图 8-61 所示。

图 8-61　编辑"trans"参数

Step10：选择 trans 的"x"属性，选中右侧的占位符，单击"编辑"按钮，在弹出菜单中选择"仅限选定内容"，如图 8-62 所示。

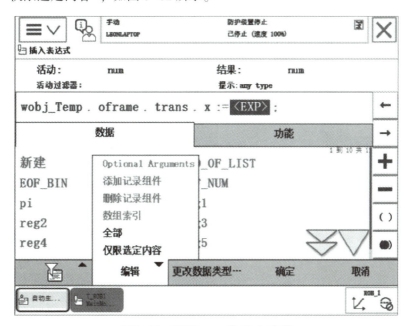

图 8-62　编辑 trans 的"x"参数

Step11：按照相同的格式直接输入，使工件坐标系中工件框架 x 的值增加 60，如图 8-63 所示。

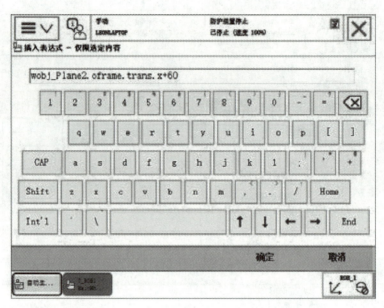

图 8-63　修改工件框架的 x 值

Step12：按照同样的方式，将 y 的值也增加 60。

```
wobj_Temp.oframe.trans.y:=wobj_Plane2.oframe.trans.y+60;
```

Step13：将绘图程序复制到坐标系中，如图 8-64 所示。

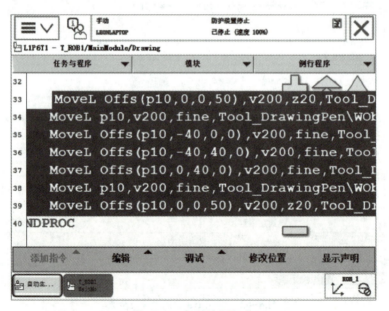

图 8-64　复制绘图程序

Step14：编写完成后，再次运行程序，观察两个图形的形状与位置，如图 8-65 所示。

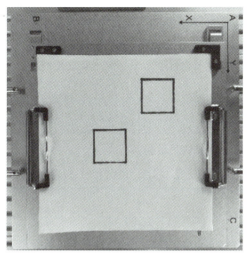

图 8-65　再次绘制矩形

评价与总结

根据任务完成情况，填写评价表，如表 8-1 所示。

表 8-1　任务评价表

任务：工业机器人绘图应用			实习日期：				
姓名：	班级：		学号：			导师签字：	
自评：□熟练 □不熟练	互评：□熟练 □不熟练		师评：□合格 □不合格				
日期：	日期：		日期：		日期：		
序号	评分项	得分条件	配分	评分要求	自评	互评	师评
1	认知能力	作业 1：工具坐标系 □1. 能正确设置工业机器人的工具坐标系 □2. 能正确理解工具坐标系 tframe 数据 □3. 能正确调用工具坐标系设置界面 □4. 能正确设置工件坐标系 作业 2：绘图任务编程 □1. 能正确编写绘图任务程序 □2. 能正确利用工件坐标系变换，编写绘图程序 作业 3：绘图任务调试 □能正确完成绘图任务程序优化	65	未完成 1 项扣 4.5 分，扣分不得超过 65 分	□熟练 □不熟练	□熟练 □不熟练	□合格 □不合格

续表

序号	评分项	得分条件	配分	评分要求	自评	互评	师评
2	叙述能力	□1. 能正确叙述加载和运行程序 □2. 能正确叙述和编写运动指令	20	未完成 1 项扣 10 分，扣分不得超过20 分	□熟练 □不熟练	□熟练 □不熟练	□合格 □不合格
3	资料、信息查询能力	□1. 能正确使用维修手册查询资料 □2. 能正确使用用户手册查询资料	10	未完成 1 项扣 5 分，扣分不得超过10 分	□熟练 □不熟练	□熟练 □不熟练	□合格 □不合格
4	表单填写与报告的撰写能力	□1. 字迹清晰 □2. 语句通顺 □3. 无错别字 □4. 无涂改 □5. 无抄袭	5	未完成 1 项扣 1 分，扣分不得超过 5 分	□熟练 □不熟练	□熟练 □不熟练	□合格 □不合格
	总分						

拓展练习

一、选择题

1. WaitDO 指令的功能是（　　　）。

A. 等待一个指定的时间

B. 等待一个条件满足后，程序继续往下执行

C. 等待一个输入信号状态为设定值

D. 等待一个输出信号状态为设定值

2. 下列语句中与"Reset Do1；"功能相同的是（　　　）。

A. SetDO Do1，0；　　　　　　　　　　B. SetDO Do1，1；

C. SetDO Do1＝0；　　　　　　　　　　D. SetDO Do1＝1；

3. ABB 工业机器人进行现场连续轨迹编程时，是在（　　　）界面内进行的。

A. 手动操纵　　　　B. 控制面板　　　　C. 程序编辑器　　　　D. 程序数据

4. 在 ABB 示教器操作界面中，通过（　　　）选项可以建立程序模块及例行程序。

A. 控制面板　　　　　　　　　　　　　B. 程序数据

C. 资源管理器　　　　　　　　　　　　D. 程序编辑器

5. 在创建机器人程序时，经常使用的程序可以设置为主程序。每台机器人可以设置（　　　）主程序。

A. 3 个　　　　　　　B. 5 个　　　　　　　C. 1 个　　　　　　　D. 无限制

6. 在 ABB 示教器操作界面中，（　　　）选项可进行程序备份操作。

A. 控制面板　　　　　　　　　　　　　B. 备份与恢复

C. 资源管理器　　　　　　　　　　　　D. 程序编辑器

7. ABB 工业机器人示教器中，打开（　　）选项可以查看机器人位置数据。

A. 控制面板　　　　　　B. 程序数据　　　　　C. 资源管理器　　　　D. 手动操纵

8. 图 8-66 显示的 1~6 位置数据值是机器人（　　）。

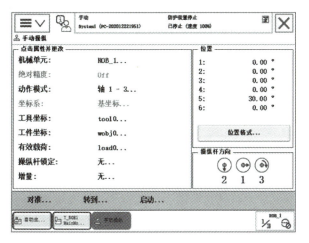

图 8-66　选择题 8 用图

A. X、Y、Z 位置数据及欧拉角度　　　　B. 姿态数据

C. 各关节轴的旋转角度　　　　　　　　　　D. 外部轴数据

9. 利用语句"MobeAbsJ jpos10，V300，fine，tool0；"将机器人回到零点，jpos10 必须定义为（　　）数据类型。

A. robotarget　　　　B. jointtarget　　　　C. tooldate　　　　D. wobjdate

10. 工业机器人绘图程序调试过程中，关于程序指针的控制，下列说法正确的是（　　）。

A. 指针可以随意跳转至光标位置处

B. 同一程序中可同时出现多个程序指针

C. 光标可以随意跳转至程序指针处

D. 光标随指针的移动而移动

二、判断题

1. SetDO 指令可设置延迟时间，如"SetDO\SDelay := 0.2,Do1,1；"。（　　）

2. 机器人轨迹编程时，运动到最后一个目标点时，不能使用转弯半径 $Z \times \times$，只能使用 fine。（　　）

3. ABB 工业机器人中，可对已创建的机器人程序进行复制、删除、重命名、更改声明等编辑处理。（　　）

4. 绘图任务中，调试菜单中的"PP 移至 Main"，可快速将程序指针移动至 main 程序第一行。（　　）

5. 调试绘图程序时，可以不经过手动模式下的程序调试过程直接进行自动模式下的程序调试。（　　）

项目 9　工业机器人视觉检测

　　视觉能够赋予工业机器人"看"的能力，视觉感知与控制理论往往与视觉处理得到紧密结合，用于实现工业智能制造中的实际检测、测量、识别、分类和分拣等自动化工作。

　　视觉系统是指通过机器视觉设备，即图像摄取装置，将被拍摄的目标转换为图像信息。视觉检测就是用机器来代替人的眼睛做一些判断和测量的工作。视觉检测在工业生产中的应用越来越广泛，尤其是在许多工业产品的装配过程中，视觉检测已成为必不可少的关键环节。机器视觉系统与工业机器人结合，赋予工业机器人更强的智能性，极大地拓展了工业机器人的应用广度与深度，也使得自动化生产更加灵活、柔性，产品质量更加稳定、高效。

　　本项目通过学习工业视觉系统的定义、组成及典型应用和 Socket 通信指令等基础知识，通过视觉检测模块的安装调试、实现工业机器人与相机的通信、基于视觉检测的关节装配 3 个任务，实现对工件类型和角度的识别，并利用该数据，完成产品的正确装配。

任务 1　视觉检测模块的安装调试

任务描述

　　本任务通过对视觉系统的定义、组成、主要参数和典型应用知识的学习，完成视觉检测模块连接、参数配置和相机拍照测试。工业机器人视觉检测模块的安装、调试任务包括以下内容：

　　(1) 了解工业视觉系统的定义、组成和应用等基本理论知识。

　　(2) 安装视觉检测模块，连接视觉检测模块电源线和通信线。

　　(3) 配置并调试工业相机的参数。

　　(4) 测试工业相机检测数据。

知识准备

(一) 工业视觉系统概述

　　工业视觉系统是用于自动检验、工件加工和装配自动化以及生产过程的控制和监视的图像识别机器。工业视觉系统的图像识别过程是按任务需要从原始图像数据中提取有关信息、高度概括地描述图像内容，以便对图像的某些内容加以解释和判断。图 9-1 所示为螺钉视觉检测应用；图 9-2 所示为基于视觉定位的工业机器人装配应用。

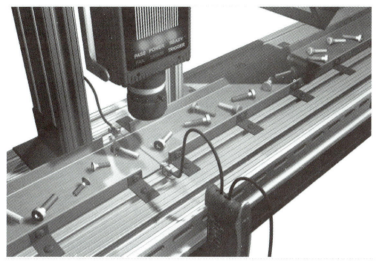

图 9-1　螺钉视觉检测应用

图 9-2　基于视觉定位的工业机器人装配应用

　　工业视觉系统通过图像采集硬件（相机、镜头、光源等）将被摄目标转换成图像信号，并传送给专用的图像处理系统。图像处理系统根据像素、亮度、颜色分布等信息，对目标进行特征抽取，并做相应的判断，进而根据结果来控制现场的设备。工业视觉系统综合了光学、机械、电子、计算机软硬件等方面的技术，涉及图像处理、模式识别、人工智能、机电一体化等多个学科领域。

　　工业视觉系统具有高效率、高柔性、高自动化等特点。在大批量工业生产过程中，如果用人工视觉检查产品质量，往往效率低且精度不高，采用工业视觉检测可以大幅度提高检测效率和生产的自动化程度；同时，在一些不适合人工作业的危险工作环境或人眼难以满足要求的场合，也常用工业视觉系统来替代人眼，如核电站监控、晶圆缺陷检测；而且，工业视觉系统易于实现信息集成，是实现计算机集成制造的基础技术之一。正是由于工业视觉系统可以快速获取大量信息，而且易于自动处理及信息集成，因此，在现代自动化生产过程中，人们将工业视觉系统广泛地应用于装配定位、产品质量检测、产品识别、产品尺寸测量等方面。人类视觉和工业视觉特点比较如表 9-1 所示。

表 9-1　人类视觉和工业视觉特点比较

比较项目	人类视觉	工业视觉
适应性	适应性强，可在复杂及变化环境识别目标	适应性差，容易受复杂背景及环境变化影响
智能	具有高级智能，可运用逻辑分析及推理能力识别变化的目标，并能总结规律	虽然可利用人工智能及神经网络技术，但智能很差，不能很好地识别变化的目标
彩色识别能力	对色彩的分辨能力强，但容易受人的心理影响，不能量化	受硬件条件的制约，一般的图像采集系统对色彩的分辨能力较差，但具有可量化的优点
灰度分辨力	差，一般只能分辨 64 个灰度级	强，目前一般使用 256 灰度级，采集系统可具有 10 bit、12 bit、16 bit 等灰度级
空间分辨力	分辨率较差，不能观看微小的目标	目前有 4 K×4 K 的面阵摄像机和 8 K 的线性阵列摄像机，通过备置各种光学镜头，可以观测小到微米大到天体的目标
速度	0.1 s 的视觉暂留使人眼无法看清较快速运动的目标	快门时间可达到 10 μm 左右，高速相机帧率可达到 1 000 以上，处理器的速度越来越快
感光范围	400~750 nm 范围的可见光	从紫外到红外的较宽光谱范围，另外有 X 光等特殊摄像机
环境要求	对环境的适应性差	对环境适应性强
观测精度	精度低，无法量化	精度高，可到微米级，易量化
其他	主观性，受心理影响，易疲劳	客观性，可连续工作

（二）工业视觉系统的组成

人的视觉系统是由眼球、神经系统及大脑的视觉中枢构成的，而工业视觉系统则是由图像采集系统、图像处理系统及信息综合分析处理系统构成的。工业视觉广泛用于仪表板智能集成测试、金属板表面自动探伤、汽车车身检测、纸币印刷质量检测、智能交通管理、金相分析、医学成像分析和流水线生产检测等方面。

一个典型的基于 PC 的视觉系统由工业相机与工业镜头、光源、传感器、图像采集卡、PC 平台、视觉处理软件和控制单元七部分组成。各部分之间相互配合，最终完成检测任务。基于 PC 的工业视觉系统如图 9-3 所示。

1. 工业相机与工业镜头

工业相机与工业镜头这部分属于成像器件，通常的视觉系统都是由一套或者多套这样

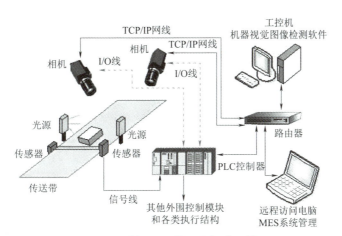

图 9-3 基于 PC 的工业视觉系统

的成像系统组成的，如果有多路相机，可能由图像卡切换来获取图像数据，也可能由同步控制同时获取多相机通道的数据。根据应用的需要，相机的输出可能是标准的单色视频（RS-170/CCIR）、复合信号（Y/C）、RGB 信号，也可能是非标准的逐行扫描信号、线扫描信号、高分辨率信号等。

2. 光源

光源作为辅助成像器件，对成像质量的好坏往往能起到至关重要的作用。各种形状的LED 灯、高频荧光灯、光纤卤素灯等都可以作为光源。

3. 传感器

传感器通常以光纤开关、接近开关等的形式出现，用以判断被测对象的位置和状态，告知图像采集卡进行正确的采集。

4. 图像采集卡

图形采集卡通常以插入卡的形式安装在 PC 中，图像采集卡的主要工作是把相机输出的图像输送给 PC。它将来自相机的模拟或数字信号转换成一定格式的图像数据流，同时它可以控制相机的一些参数，比如触发信号、曝光/积分时间、快门速度等。图像采集卡通常有不同的硬件结构以针对不同类型的相机，同时也有不同的总线形式，比如 PCI、PCI64、Compact PCI、PC104、ISA 等。

5. PC 平台

电脑是一个 PC 式视觉系统的核心，在这里完成图像数据的处理和绝大部分的控制逻辑，对于检测类型的应用，通常都需要较高频率的 CPU，这样可以减少处理的时间。同时，为了减少工业现场电磁、振动、灰尘、温度等的干扰，必须选择工业级的计算机。

6. 视觉处理软件

机器视觉软件用来完成输入的图像数据的处理，然后通过一定的运算得出结果，这个输出的结果可能是 PASS/FAIL 信号、坐标位置、字符串等。常见的机器视觉软件以 C/C++图像库、ActiveX 控件、图形式编程环境等形式出现，可以是专用功能的（比如仅仅用于LCD 检测、BGA 检测、模板对准等），也可以是通用目的的（包括定位、测量、条码/字符识别、斑点检测等）。

7. 控制单元

控制单元包含 I/O 模块、运动控制、电平转化单元等，一旦视觉软件完成图像分析（除非仅用于监控），紧接着需要和外部单元进行通信以完成对生产过程的控制。简单的控制可以直接利用部分图像采集卡自带的 I/O 模块，相对复杂的逻辑/运动控制则必须依靠附加可编程逻辑控制单元/运动控制卡来实现必要的动作。

（三）工业视觉系统的主要参数

常见的工业视觉系统主要参数有焦距、光圈、景深、分辨率、曝光方式、图像亮度、图像对比度、图像饱和度和图像锐化等。

1. 焦距

焦距就是从镜头的中心点到胶平面（胶片或 CCD）上所形成的清晰影像之间的距离，注意区分相机的焦距与单片凸透镜的焦距是两个概念，因为相机上安装的镜头由多片薄的凸透镜组成，单片凸透镜的焦距是平行光线会聚到一点，这点到凸透镜中心的距离。焦距的大小决定着视角大小，焦距数值小，视角大，所观察的范围也大；焦距数值大，视角小，观察范围小。

2. 光圈

光圈是一个用来控制光线通过镜头进入机身内感光面光量的装置，它通常是在镜头内，对于已经制造好的镜头，我们不可以随意地改变镜头，但是可以通过在镜头内部加入多边形或者圆形，并且面积可变的孔径光栅来达到控制镜头通光量，这个装置就是光圈。当光线不足时，我们把光圈调大，自然可以让更多光线进入相机，反之亦然。除了调整进光量之外，光圈还有一个重要的作用：调整画面的景深。

3. 景深

景深是指在被摄物体聚焦清楚后，在物体前后一定距离内，其影像仍然清晰的范围。景深随镜头的光圈值、焦距、拍摄距离而变化，光圈越大，景深越小（浅）；光圈越小，景深越大（深）。焦距越长，景深越小；焦距越短，景深越大。距离拍摄物体越近时，景深越小，拍摄距离越远，景深越大。

4. 分辨率

图像分辨率可以看成是图像的大小，分辨率高，图像就大，更清晰；反之分辨率低，图像就小。图像分辨率指图像中存储的信息量，是每英寸（1 英寸 = 2.54 厘米）图像内有多少个像素点，即像素每英寸，单位为 PPI（Pixels Per Inch），因此放大图像便会增强图像的分辨率，而图像分辨率大，则图像更大，更加清晰。例如：一张图片分辨率是 500×200，也就是说这张图片在屏幕上按 1:1 放大时，水平方向有 500 个像素点（色块），垂直方向有 200 个像素点（色块）。

5. 曝光方式

线阵相机都是逐行曝光的方式，可以选择固定行频和外触发同步的采集方式，曝光时间可以与行周期一致，也可以设定一个固定的时间；面阵工业相机有帧曝光、场曝光和滚动行曝光等几种常见方式，数字工业相机一般都提供外触发采图的功能。

6. 图像亮度

图像亮度通俗理解便是图像的明暗程度，数字图像 $f(x,y) = i(x,y)r(x,y)$，如果灰度值在 [0，255]，则 f 值越接近 0，亮度越低；f 值越接近 255，亮度越高。

7. 图像对比度

图像对比度指的是图像暗和亮的落差值，即图像最大灰度级和最小灰度级之间的差值。

8. 图像饱和度

图像饱和度指的是图像颜色种类的多少，图像的灰度级是 $[L_{min}, L_{max}]$，则在 L_{min}、L_{max} 的中间值越多，便代表图像的颜色种类越多，饱和度也就越高，外观上看起来图像会更鲜艳。调整饱和度可以修正过度曝光或者未充分曝光的图片。

9. 图像锐化

图像锐化是补偿图像的轮廓，增强图像的边缘及灰度跳变的部分，使图像变得清晰。图像锐化在实际图像处理中经常用到，因为在做图像平滑、图像滤波处理时，会丢失图像的边缘信息，通过图像锐化便能够增强突出图像的边缘、轮廓。

（四）工业视觉的典型应用

工业视觉主要有图像识别、图像检测、视觉定位、物体测量和物体分拣五大典型应用，这五大典型应用也基本可以概括出工业视觉技术在工业生产中能够起到的作用。

1. 图像识别应用

图像识别是利用工业视觉对图像进行处理、分析和理解，以识别各种不同模式的目标和对象。图像识别在工业视觉领域中最典型的应用就是条形码的识别。将大量的数据信息存储在条形码中，通过条形码对产品进行跟踪管理，通过工业视觉系统，可以方便地对各种材质表面的条形码进行识别读取，大大提高了现代化生产的效率。

2. 图像检测应用

图像检测是工业视觉最主要的应用之一，几乎所有产品都需要检测，而人工检测存在着较多的弊端。例如，人工检测准确性低，长时间工作，准确性更是无法保证，而且检测速度慢，容易影响整个生产过程的效率。因此，工业视觉在图像检测方面的应用也非常广泛，例如：焊缝质量检测，如图9-4所示；硬币边缘字符的检测；印刷过程中的套色定位以及校色检查；包装过程中饮料瓶盖的印刷质量检查；产品包装上的条形码和字符识别；玻璃瓶的缺陷检测等。

图 9-4 焊缝质量检测

3. 视觉定位应用

视觉定位要求工业视觉系统能够快速准确地找到被测零件并确认其位置。在汽车领域，工业机器人需要根据工业视觉获得刹车盘上5颗螺柱的偏转角度，以准确地将轮胎安装到刹车盘上，如图9-5所示。这是视觉定位在工业领域最基本的应用。

4. 物体测量应用

工业视觉应用最大的特点就是其非接触测量技术，同样具有高精度和高速度的性能，而且非接触无磨损，消除了接触测量可能造成的二次损伤隐患。常见的测量应用包括齿轮、接插件、汽车零部件、IC元件引脚、麻花钻和螺纹等测量。图9-6所示为汽车漆膜厚度测量。

图 9-5　视觉定位

图 9-6　漆膜厚度测量

5. 物体分拣应用

物体分拣应用是建立在识别、检测之后的一个环节，通过工业视觉系统将图像进行处理，实现分拣。在工业视觉应用中常用于食品分拣、零件表面瑕疵分拣和棉花纤维分拣等。

任务实施

（一）安装视觉检测模块

工业机器人视觉检测模块的安装需要完成模块安装、通信线连接、电源线连接和局域网连接 4 个步骤，具体安装方法如下。

Step1：将视觉模块安装到输送带模块上，如图 9-7 所示。

Step2：安装视觉模块的通信线，一端连接到通用电气接口板上 LAN2 接口位置，另一端连接到相机通信口，如图 9-8 所示。

Step3：安装视觉模块的电源线，一端连接到通用电气接口板上 J7 接口位置，另一端连接到相机电源口，如图 9-9 所示。

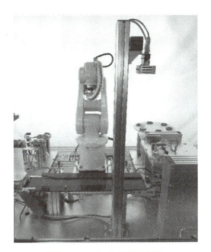

图 9-7　安装视觉模块

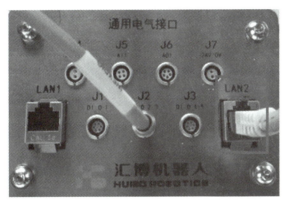

（a）

（b）

图 9-8　视觉模块通信线连接

（a）LAN2 接口位置；（b）相机通信口

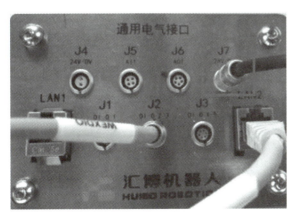

（a）

（b）

图 9-9　视觉模块电源线连接

（a）J7 接口位置；（b）相机电源口

Step4：安装局域网网线，将电脑和相机连接到同一局域网。网线一端接到电脑的网口，网线另一端接到通用电气接口板上的 LAN1 网口，如图 9-10 所示。

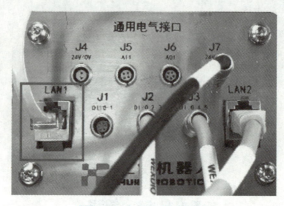

图 9-10　LAN1 网口位置

（二）调试相机参数

调试相机参数是为了得到高清画质的图像，获取更加准确的图像数据。相机参数调试的主要任务包括图像亮度、曝光、光源强度、焦距等参数的调试。这些参数的调试需要在视觉编程软件中进行，具体调试步骤如下。

1. 测试相机网络

Step1：手动将电脑的 IP 地址设为 192.168.101.88，子网掩码为 255.255.255.0，单击"确定"按钮完成 IP 设置，如图 9-11 所示。

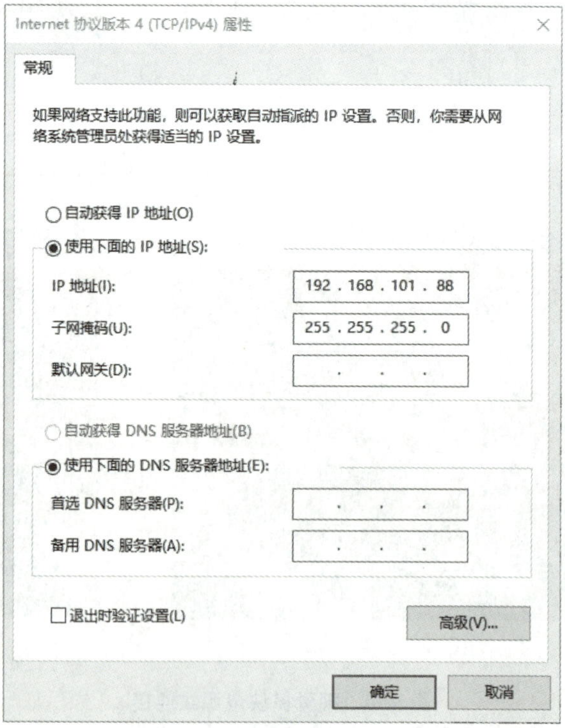

图 9-11　设置电脑 IP

Step2：在开始运行中打开命令提示符窗口，输入"ping 192.168.101.50"，测试电脑与相机之间的通信。若能收发数据包，说明网络正常通信，如图 9-12 所示。

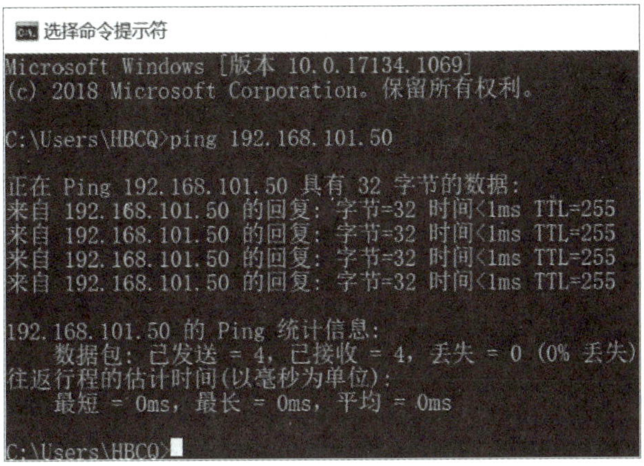

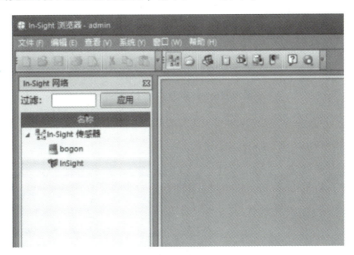

图 9-12　测试网络通信

2. 调试相机焦距

Step1：用浏览器打开视觉编程软件，如图 9-13 所示。

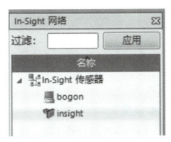

图 9-13　视觉编程软件界面

Step2：双击"In-Sight 网络"下的"insight"，自动加载相机中已保存的工程，如图 9-14 所示。

图 9-14　加载工程

Step3：相机模式设为实况视频模式，如图 9-15 所示，即相机进行连续拍照。

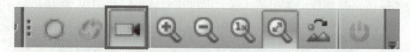

图 9-15　设置相机模式

Step4：相机实况视频拍照如图 9-16 所示，当前焦点值为 4.12。

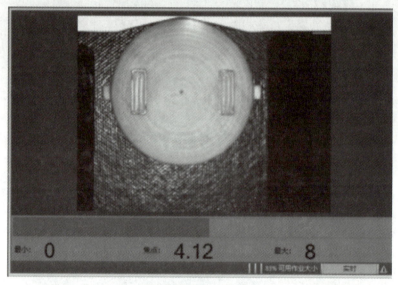

图 9-16　焦点值为 4.12 照片

Step5：使用一字螺丝刀，正逆时针旋转相机焦距调节器。直到相机拍照获得的图像清晰为止，当前焦点值为 4.15，如图 9-17 所示。

(a)

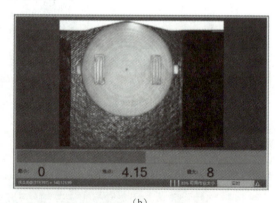

(b)

图 9-17　调试相机焦距
(a) 调节焦距；(b) 焦点值为 4.15 照片

3. 调试图像亮度、曝光和光源强度

Step1：单击"应用程序步骤"下的"设置图像"，如图 9-18 所示。

图 9-18   设置图像界面

Step2：在"灯光"选项卡中，选中"手动曝光"单选按钮，然后调试"目标图像亮度""曝光""光源强度"参数，如图 9-19 所示。

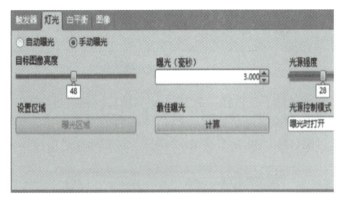

图 9-19   设置"灯光"选项卡中的参数

Step3：重复 Step2，直到图像颜色和形状的清晰度满足要求为止，如图 9-20 所示。

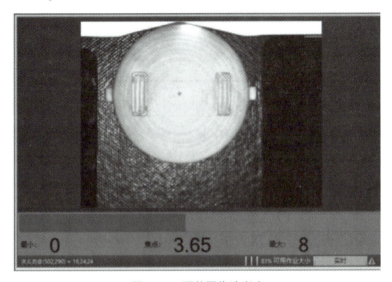

图 9-20   调整图像清晰度

Step4：参数调整完成后需要保存作业，如图 9-21 所示。

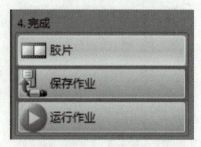

图 9-21　保存作业界面

（三）测试相机数据

下载 sscom 串口调试助手软件，测试相机通信数据，操作步骤如下。

Step1：在视觉编程软件中，单击联机按钮，切换到联机模式，如图 9-22 所示。

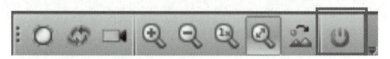

图 9-22　联机模式切换按钮

Step2：打开通信调试助手，选择"TCPClient"模式。相机进行 TCP_IP 通信时，相机为服务器，工业机器人或其他设备为客户端。打开通信调试助手，输入相机的 IP 地址"192.168.101.50"，端口号"3010"，单击"连接"按钮建立通信连接，如图 9-23 所示。

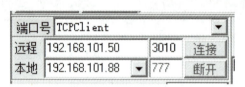

图 9-23　建立通信连接

Step3：发送指令"admin"到相机，调试助手会收到相机返回的数据"Password"，如图 9-24 所示。

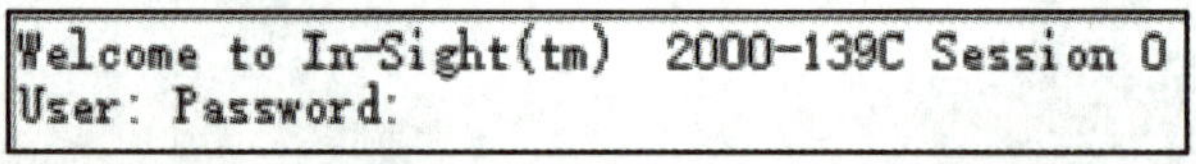

```
Welcome to In-Sight(tm)  2000-139C Session 0
User: Password:
```

图 9-24　输入密码提示

Step4：发送指令"android"到相机，调试助手会收到相机返回的数据"User Logged In"，如图 9-25 所示。

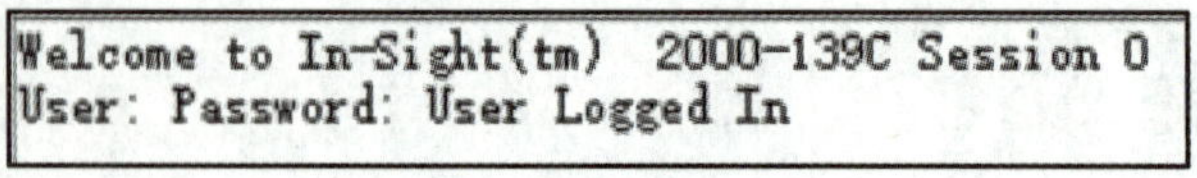

```
Welcome to In-Sight(tm)  2000-139C Session 0
User: Password: User Logged In
```

图 9-25　登录成功提示

Step5：发送指令"se8"到相机，控制相机执行一次拍照，调试助手会收到相机返回的数据"1"，代表指令发送成功，如图9-26所示。

```
Welcome to In-Sight(tm)  2000-139C Session 0
User: Password: User Logged In
1
```

图9-26   拍照成功提示

Step6：发送 GVFlange. Fixture. X 到相机，调试助手会收到相机返回的数据"1 156.105"。"1"代表指令发送成功，"156.105"代表工件在 X 方向的位置，如图9-27所示。

```
Welcome to In-Sight(tm)  2000-139C Session 0
User: Password: User Logged In
1
1
156.105
```

图9-27   获取工件位置

任务2　实现工业机器人与相机的通信

任务描述

ABB 工业机器人提供了丰富的通信接口，如 ABB 标准通信，不仅可以与 PLC 的现场总线通信，还可以与工业视觉模块和 PC 进行通信，轻松实现与周边设备的通信。本任务通过学习 Socket 通信指令，实现 ABB 工业机器人与康耐视相机的通信。本任务主要包括以下内容：

（1）了解 Socket 通信指令；

（2）掌握工业机器人与相机通信的程序流程；

（3）配置相机通信任务；

（4）创建 Socket 及相关变量；

（5）编写相机拍照、数据转换、获取数据和相机通信的程序。

知识准备

（一）Socket 通信相关指令

ABB 工业机器人在进行 Socket 通信编程时，常用的指令包括：SocketClose、SocketCreate、SocketConnect、SocketGetStatus、SocketSend、SocketReceive、StrPart、StrToVal 和 StrLen。Socket 指令在示教器中的调用界面如图9-28所示，常用指令说明及示例如表9-2～表9-10所示。

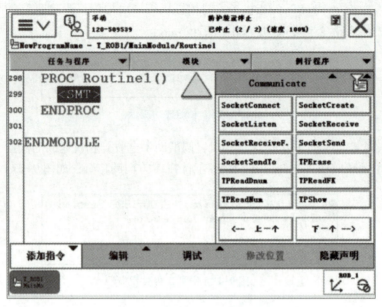

图 9-28　Socket 指令调用界面

表 9-2　SocketClose 指令用法及参数说明

语法结构	SocketClose Socket	功能：关闭 Socket 套接字
参数	Socket	待关闭的套接字
示例	SocketClose Socket1；//关闭套接字 Socket1	

表 9-3　SocketCreate 指令用法及参数说明

语法结构	SocketCreate Socket	功能：创建 Socket 套接字
参数	Socket	用于存储系统内部套接字数据的变量
示例	SocketCreate Socket1；//创建套接字 Socket1	

表 9-4　SocketConnect 指令用法及参数说明

语法结构	SocketConnect Socket，Address，Port	功能：建立 Socket 连接
参数	Socket	待连接的服务器套接字，必须是已经创建但尚未连接的套接字
	Address	远程计算机的 IP 地址，不能使用远程计算机的名称
	Port	位于远程计算机上的端口
示例	SocketConnect Socket1，"192.168.0.1"，1025； //尝试与 IP 地址为 192.168.0.1 和端口为 1025 的远程计算机连接	

表 9-5　SocketGetStatus 指令用法及参数说明

语法结构	SocketGetStatus（Socket）	功能：获取套接字当前的状态
参数	Socket	用于存储系统内部套接字数据的变量
示例	state：=SocketGetStatus（Socket1）；//返回 Socket1 套接字的当前状态	
套接字状态	Socket_CREATED、Socket_CONNECTED、Socket_BOUND、Socket_LISTENING、Socket_CLOSED	

表 9-6　SocketSend 指令用法及参数说明

语法结构	SocketSend Socket ［\Str］\［\RawData］\［\Data］		功能：将数据发送到远程计算机
参数	Socket		在套接字接收数据的客户端应用中，必须是已经创建和连接的套接字
	［\Str］\［\RawData］\［\Data］		同一时间只能使用可选参数\Str、\RawData 或\Data 中的一个
示例	SocketSend Socket1 \ Str：="Hello world"；//将消息"Hello world"发送给远程计算机		

表 9-7　SocketReceive 指令用法及参数说明

语法结构	SocketReceive Socket ［\Str］\［\RawData］\［\Data］		功能：从远程计算机接收数据
参数	Socket		在套接字接收数据的客户端应用中，必须是已经创建和连接的套接字
	［\Str］\［\RawData］\［\Data］		应当存储接收数据的变量。同一时间只能使用可选参数\Str、\RawData 或\Data 中的一个
示例	SocketReceive Socket1\Str：=str_data；//从远程计算机接收数据，并将其存储在字符串变量 str_data 中		

表 9-8　StrPart 指令用法及参数说明

语法结构	StrPart（Str ChPos Len）	功能：获取指定开始位置和长度的字符串
参数	Str	字符串数据
	ChPos	字符串开始位置
	Len	截取字符串的长度
示例	Part：=StrPart（"Robotics"，1，5）；//变量 Part 的值为"Robot"	

表 9-9　StrToVal 指令用法及参数说明

语法结构	StrToVal（Str Val）		功能：将字符串转换为数值
参数	Str		字符串数据
	Val		保存转换得到的数值的变量
示例	ok：=StrToVal（"3.14"，nval）；//变量 nval 的值为 3.14		

表 9-10　StrLen 指令用法及参数说明

语法结构	StrLen（Str）	功能：获取字符串的长度
参数	Str	字符串数据
示例	len：=StrLen（"Robotics"）；//变量 len 的值为 8	

（二）相机通信程序流程

工业机器人与相机的通信采用后台任务执行的方式，即：工业机器人和相机的通信及数据交互在后台任务执行，工业机器人的动作及信号输入/输出在工业机器人系统任务执行，后台任务和工业机器人系统任务是并行运行的。在后台任务中，工业机器人获取相机图像处理后的数据通过任务间的共有变量共享给工业机器人系统任务；在工业机器人系统任务中，根据后台任务共享得到的数据，控制工业机器人执行相应的程序。

通过分析上述工业机器人与相机的通信流程，现将工业机器人与相机的通信程序分为以下子程序：

◆ 工业机器人与相机建立 Socket 连接程序；
◆ 工业机器人发送拍照指令控制程序；
◆ 工业机器人获取相机数据程序。

为完成工业机器人与相机的通信程序，必须先在工业机器人系统中配置后台任务，并创建 Socket 及其相关变量，最后编写上述子程序。

工业机器人与相机的通信流程如图 9-29 所示。

任务实施

（一）配置相机通信任务

配置相机通信任务具体操作步骤如下。

Step1：在示教器中，按顺序选择"主菜单"→"系统信息"→"系统属性"→"控制模块"→"选项"。确认系统中是否存在已创建的任务选项"623-1 Multitasking"，如图 9-30 所示。只有具有该选项的系统才可以创建多个任务。

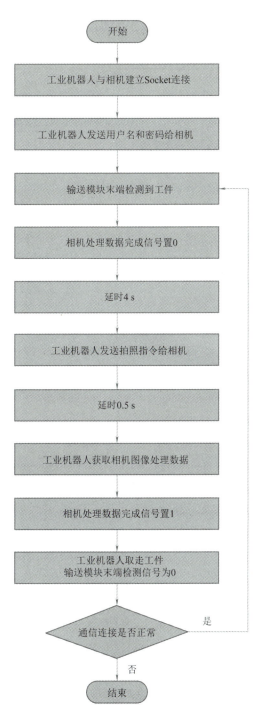

图 9-29　工业机器人与相机的通信流程

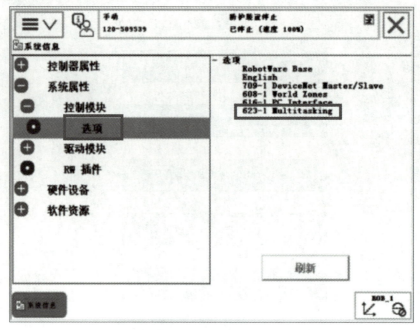

图 9-30　查看已创建任务

Step2：依次选择"主菜单"→"控制面板"→"配置系统参数"，打开配置系统参数界面，如图 9-31 所示。

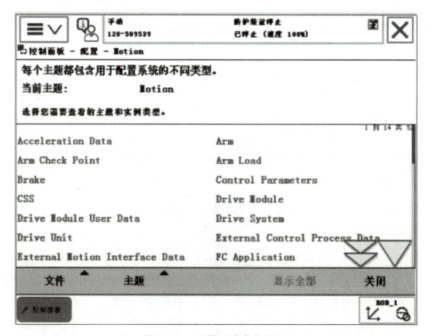

图 9-31　配置系统参数界面

Step3：单击"主题"按钮，选择"Controller"，双击"Task"，如图 9-32 所示。

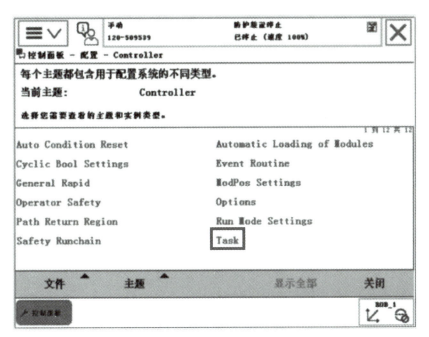

图 9-32 选择"Task"任务

Step4：进入"Task"任务界面，如图 9-33 所示。T_ROB1 是默认的机器人系统任务，用于执行工业机器人运动程序。

图 9-33 "Task"任务界面

Step5：单击"添加"按钮，创建工业机器人与相机通信的后台任务，如图 9-34 所示。

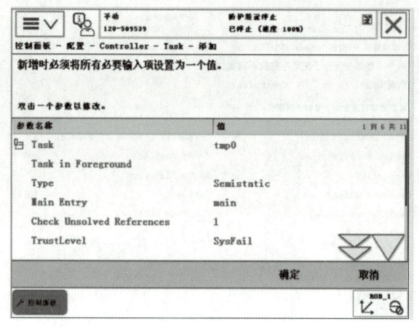

图 9-34　创建工业机器人与相机通信的后台任务

Step6：配置工业机器人与相机通信的后台任务，如图 9-35 所示。

Task：CameraTask
Type：Normal

其他参数默认。单击"确定"按钮，重启工业机器人控制器。

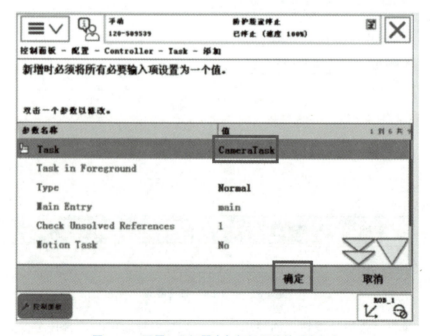

图 9-35　配置工业机器人与相机通信的后台任务

Step7：系统重启后，"Task"任务界面就多一个"CameraTask"任务，如图 9-36 所示。

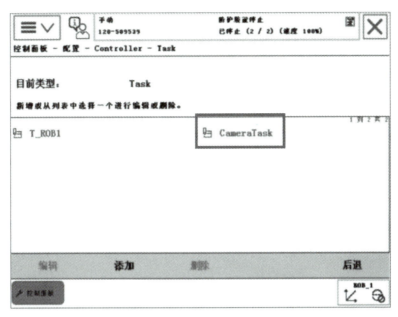

图 9-36 新增"CameraTask"任务

Step8：依次选择"主菜单"→"程序编辑器"，选中"CameraTask"，在弹出的界面中单击"新建"按钮，如图 9-37 所示。

图 9-37 单击"新建"按钮

Step9：系统会自动新建模块"MainModule"以及程序"main"，完成相机通信任务的配置，如图 9-38 所示。

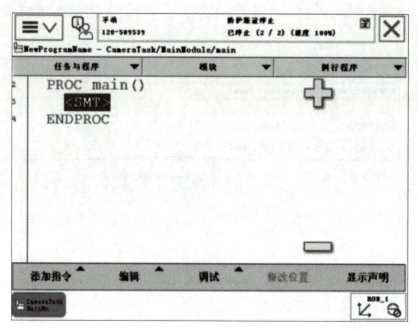

图 9-38 完成通信任务配置

（二）创建 Socket 及其变量

工业机器人与相机通信所需要用到的 Socket 及其相关变量如表 9-11 所示。PartType、Rotation、CamSendDataToRob 为 CameraTask 和 T_ROB1 任务共享的变量，其存储类型必须为可变量，CameraTask 和 T_ROB1 必须同时具有以上变量。

表 9-11 Socket 及其相关变量

序号	变量名称	变量类型	存储类型	所属任务	变量说明
1	ComSocket	socketdev	默认	CameraTask	与相机 Socket 通信的套接字设备变量
2	strReceived	string	变量	CameraTask	接收相机数据的字符串变量
3	PartType	num	可变量	CameraTask	1—减速器工件，2—法兰工件
4	Rotation	num	可变量	CameraTask	相机识别工件的旋转角度
5	CamSendDataToRob	bool	可变量	CameraTask	相机处理数据完成信号

在 CameraTask 任务中创建 Socket 相关变量的步骤如下。

Step1：依次选择"主菜单"→"程序数据"→"视图"→"全部数据类型"，单击"更改范围"按钮，如图 9-39 所示。

Step2：将"任务"参数选为"CameraTask"，单击"确定"按钮，如图 9-40 所示。

Step3：选中数据类型"socketdev"，单击"显示数据"按钮，弹出如图 9-41 所示窗口。

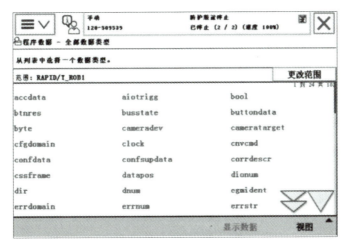

图 9-39 选择"数据类型"

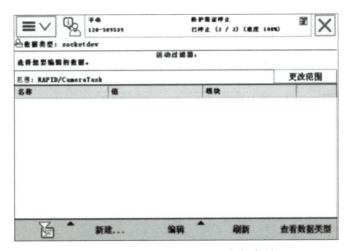

图 9-40 选择"任务"

图 9-41 选择"socketdev"数据类型

项目9 工业机器人视觉检测

Step4：单击"新建"按钮，创建 socketdev 类型变量，如图 9-42 所示。

图 9-42 创建"socketdev"变量

Step5：设置"socketdev"变量参数，如图 9-43 所示。

名称：ComSocket；范围：全局；任务：CameraTask；模块：MainModule。

图 9-43 设置"socketdev"变量参数

Step6：单击"确定"按钮，完成"socketdev"变量创建，如图 9-44 所示。

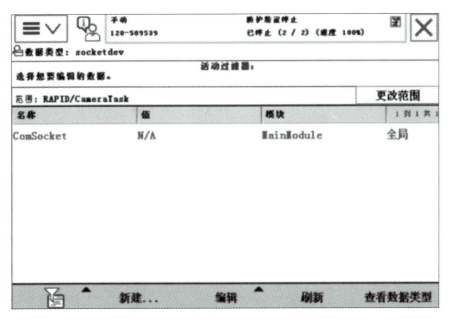

图 9-44 完成"socketdev"变量创建

Step7：参照上述方法，选中数据类型"string"，新建变量"strReceived"，如图 9-45 所示。

变量名称：strReceived；存储类型：变量；任务：CameraTask。

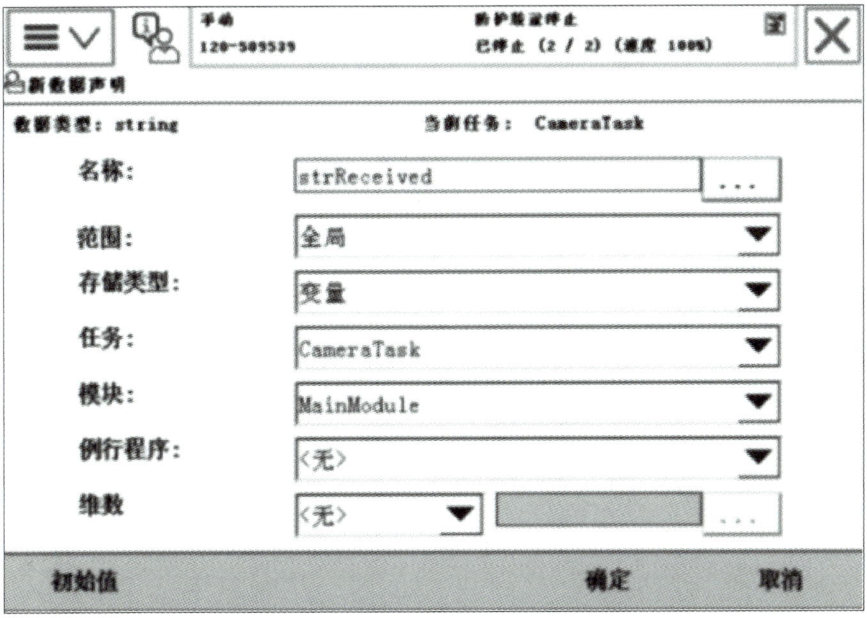

图 9-45 新建"strReceived"变量

Step8：参照上述方法，选中数据类型"num"，新建变量"PartType"，如图9-46所示。

变量名称：PartType；存储类型：可变量；任务：CameraTask。

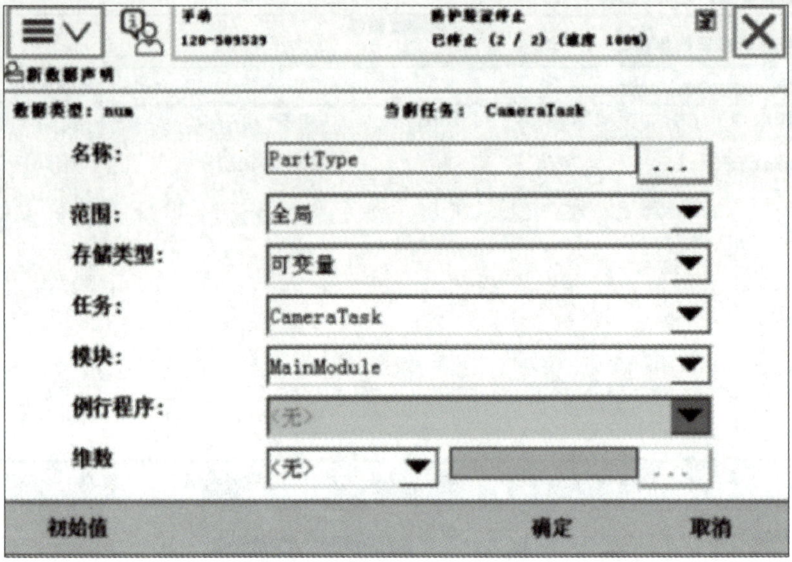

图9-46 新建"PartType"变量

Step9：参照上述方法，选中数据类型"num"，新建变量"Rotation"，如图9-47所示。

变量名称：Rotation；存储类型：可变量；任务：CameraTask。

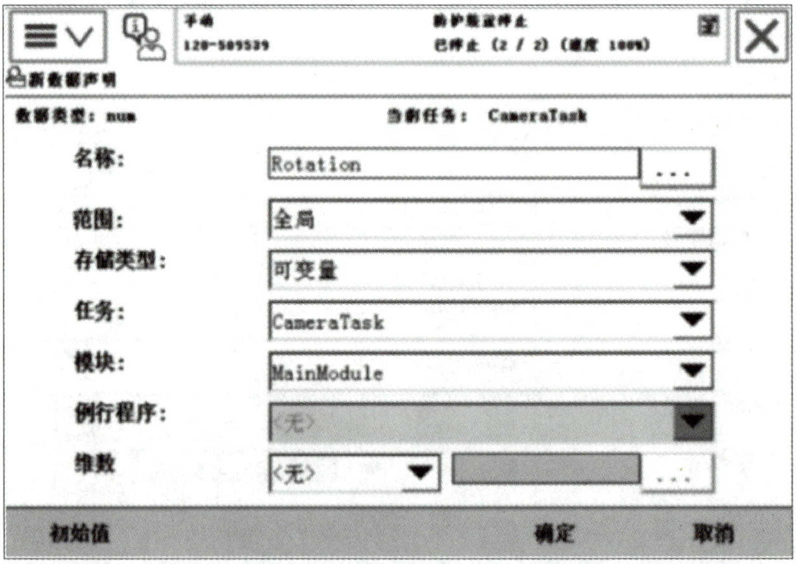

图9-47 新建"Rotation"变量

Step10：参照上述方法，选中数据类型"bool"，新建变量"CamSendDataToRob"，如图 9-48 所示。

变量名称：CamSendDataToRob；存储类型：可变量；任务：CameraTask。

图 9-48 新建"CamSendDataToRob"变量

（三）编写相机通信程序

1. 编写 Socket 通信程序

工业机器人与相机通信时，相机作为服务器，工业机器人作为客户端。Socket 通信程序的流程如下：

（1）工业机器人与相机建立 Socket 连接；

（2）工业机器人发送用户名（"admin\0d\0a"）给相机，相机返回确认信息。

（3）工业机器人发送密码（"\0d\0a"）给相机，相机返回确认信息。

工业机器人与相机的 Socket 通信例行程序如图 9-49 所示；Socket 通信例行程序说明如表 9-12 所示。

（a）

（b）

图 9-49 工业机器人与相机的通信程序流程

（a）新建 RobConnectToCamera 例行程序；（b）RobConnectToCamera 子程序

表 9-12　　Socket 通信例行程序说明

序号	程序	程序说明
1	PROC RobConnectToCamera	RobConnectToCamera 例行程序开始
2	SocketClose ComSocket；	关闭套接字设备 ComSocket
3	SocketCreate ComSocket；	创建套接字设备 ComSocket
4	SocketConnect ComSocket，"192.168.101.50"，3010；	连接相机 IP：192.168.101.50,端口：3010
5	SocketReceive ComSocket\Str：=strReceived	接收相机数据并保存到变量 strReceived 中
6	TPWrite strReceived；	将 strReceived 数据显示在示教器界面上
7	SocketSend ComSocket\Str：="admin\0d\0a"；	发送用户名 admin
8	SocketReceive ComSocket\Str：=strReceived；	接收相机数据并保存到变量 strReceived 中
9	TPWrite strReceived；	将 strReceived 数据显示在示教器界面上
10	SocketSend ComSocket\Str：="\0d\0a"；	发送密码数据到相机,密码数据：\0d\0a
11	SocketReceive ComSocket\Str：=strReceived；	接收相机数据并保存到变量 strReceived 中
12	TPWrite strReceived；	将 strReceived 数据显示在示教器界面上
13	ENDPROC	RobConnectToCamera 例行程序结束

2. 编写相机拍照控制程序

　　工业机器人与相机通信时，相机作为服务器，工业机器人作为客户端。创建相机拍照例行程序 SendCmdToCamera，如图 9-50 所示，相机拍照例行程序 SendCmdToCamera 说明如表 9-13 所示。

（a）　　　　　　　　　　　　　　　　（b）

图 9-50　SendCmdToCamera 程序

（a）新建 SendCmdToCamera 例行程序；（b）SendCmdToCamera 子程序

表 9-13　SendCmdToCamera 例行程序说明

序号	程序	程序说明
1	PROC SendCmdToCamera( )	SendCmdToCamera 例行程序开始
2	SocketSend ComSocket\Str：="se8\0d\0a";	发送相机拍照控制指令：se8\0d\0a
3	SocketReceive ComSocket\Str：=strReceived;	接收数据：1—拍照成功；不为 1—相机故障
4	IF strReceived <> "1\0d\0a" THEN	使用 IF 指令判断相机是否拍照成功
5	TPErase;	示教器画面清除
6	TPWrite "Camera Error";	示教器上显示"Camera Error"
7	STOP;	停止
8	ENDIF	判断结束
9	ENDPROC	SendCmdToCamera 例行程序结束

3. 编写数据转换程序

编写数据转换程序的步骤如下。

Step1：在 CameraTask 任务中新建功能程序 "StringToNumData"，如图 9-51 所示。类型：功能；数据类型：num。其他参数选用默认设置。

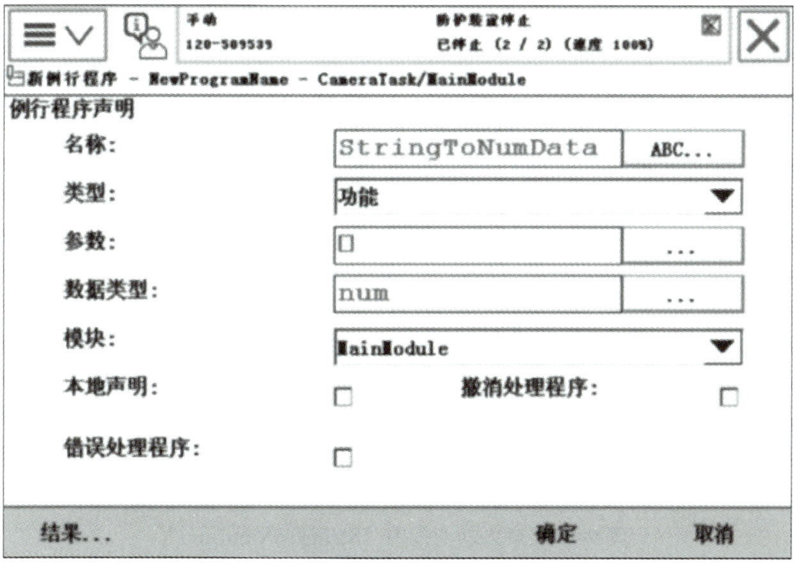

图 9-51　新建程序 "StringToNumData"

Step2：创建参数"strData"，数据类型为"string"，如图 9-52 所示。

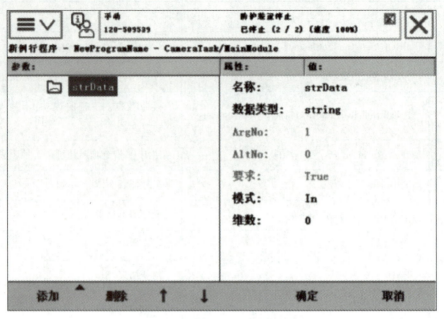

图 9-52　创建参数"strData"

Step3：进入功能程序"StringToNumData"，添加指令"：="，如图 9-53 所示。

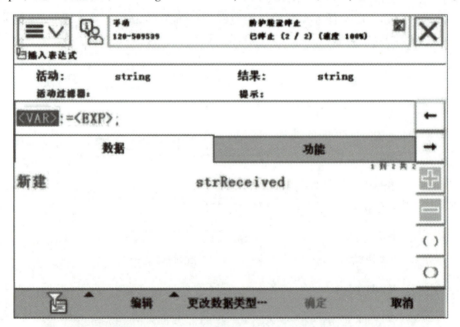

图 9-53　进入功能程序"StringToNumData"

Step4：<VAR>选择新建本地 string 类型变量：strData2。<EXP>选择 StrPart 指令，并输入相应的参数。StrPart 指令用于拆分字符串，并返回得到的字符串。strData：程序参数，strData2：程序本地变量，如图 9-54 所示。

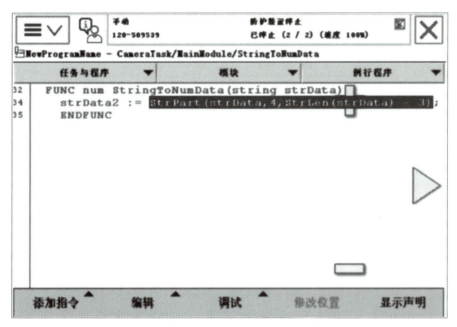

图 9-54 编辑"StringToNumData"程序（一）

Step5：使用赋值指令将 string 数据类型转换成 num 数据类型，如图 9-55 所示。StrToVal 指令用于将字符串转换为数值，返回值为 1 代表转换成功；返回值为 0 代表转换失败。

图 9-55 编辑"StringToNumData"程序（二）

Step6：使用 RETURN 指令返回数据 numData，如图 9-56 所示。

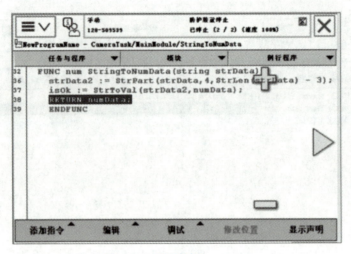

图 9-56　返回数据 numData

StringToNumData 例行程序说明见表 9-14。

表 9-14　StringToNumData 例行程序说明

序号	程序	程序说明
1	PROC num StringToNumData(string strData)	StringToNumData 例行程序开始
2	strData2 := StrPart(strData,4,StrLen(strData)−3);	分割字符串,获取工件类型数据字符串
3	ok := StrToVal(strData2,numData);	将工件类型数据字符串转化为数值
4	RETURN numData;	使用 RETURN 指令返回数据 numData
5	ENDPROC	StringToNumData 例行程序结束

4. 编写获取相机图像数据程序

　　工业机器人要获取相机图像数据，必须向相机发送特定的指令，然后用数据转换程序将接收到的数据转换成想要的数据。在 CameraTask 任务中新建例行程序"GetCameraData"，编写获取相机图像数据程序。获取相机图像数据例行程序 GetCameraData 如图 9-57 所示，获取相机图像数据例行程序 GetCameraData 说明如表 9-15 所示。

（a）

（b）

图 9-57　GetCameraData 例行程序

（a）新建 GetCameraData 例行程序；（b）GetCameraData 子程序

表 9-15　GetCameraData 例行程序说明

序号	程序	程序说明
1	PROC GetCameraData( )	GetCameraData 例行程序开始
2	SocketSend ComSocket\Str:="GVFlange. Pass\0d\0a";	发送识别工件类型指令
3	SocketReceive ComSocket\Str:=strReceived;	接收相机数据并保存到 strReceived 中
4	numReceived := StringToNumData(strReceived);	将数据进行转换并赋值给 numReceived
5	IF numReceived = 0　THEN	如果 numReceived 为 0
6	PartType:=1;	当前工件为减速机,PartType 设为 1
7	ELSEIF numReceived = 1　THEN	如果 numReceived 为 1
8	PartType:=2;	当前工件为法兰,PartType 设为 2
9	SocketSend ComSocket\Str:="GVFlange. Fixture. Angle\0d\0a";	发送获取工件旋转角度指令
10	SocketReceive ComSocket\Str:=strReceived;	接收相机数据并保存到 strReceived 中
11	Rotation:= StringToNumData(strReceived);	将接收到的数据进行转换并赋值给 Rotation
12	ENDIF	判断结束
13	ENDPROC	GetCameraData 例行程序结束

5. 编写相机任务主程序

按照工业机器人与相机通信流程，编制工业机器人与相机通信主程序。主程序及其说明如表 9-16 所示。

表 9-16　相机任务（CameraTask）主程序及其说明

序号	程序	程序说明
1	PROC main ( )	相机任务（CameraTask）主程序开始
2	RobConnectToCamera;	调用例行程序"RobConnectToCamera"
3	WHILE　TRUE　DO	使用循环指令 WHILE，参数设为 TRUE
4	WaitDI　EXDI4, 1;	等待皮带运输机前光电开关信号置 1
5	CamSendDataToRob:= FALSE;	相机处理数据完成信号置 0
6	WaitTime 4;	延时 4 s
7	SendCmdToCamera;	调用相机拍照控制程序
8	WaitTime 0.5;	延时 0.5 s
9	GetCameraData;	调用获取相机图像数据程序
10	CamSendDataToRob:= TRUE;	相机处理数据完成信号置 1
11	WaitDI　EXDI4, 0;	等待皮带运输机前光电开关信号置 0
12	ENDWHILE	WHILE 循环结束
13	ENDPROC	main 主程序结束

任务 3　基于视觉定位检测的关节装配

任务描述

本任务通过了解关节装配流程，实现康耐视工业相机对输出法兰进行角度识别，然后利用工业机器人完成输出法兰的正确装配。本任务主要包括以下内容：

(1) 了解关节装配顺序流程；

(2) 了解关节装配准备程序；

(3) 编写输出法兰装配主程序和子程序；

(4) 调试运行关节装配程序。

知识准备

(一) 关节装配程序流程

基于视觉定位检测的关节装配任务，工业机器人将关节底座搬运至装配模块上，然后将关节电机装配到关节底座中，上料模块出料，相机识别输送模块上工件的类型及位姿信息，并将图像处理数据发送给工业机器人，工业机器人将减速器装配到关节底座中，再将输出法兰装配到关节底座中，最后将装配完成的关节成品放回立体库模块上。

基于视觉定位检测的关节装配程序流程如图 9-58 所示。

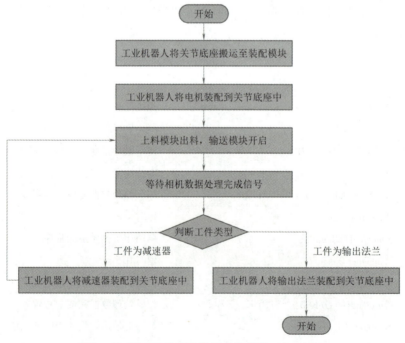

图 9-58　基于视觉定位检测的关节装配程序流程

（二）关节装配工件准备

关节装配所需要用到的工件包括关节底座、关节电机、减速器和输出法兰，如图 9-59 所示。输出法兰装配时，必须满足一定的角度关系，才可以顺利装配到关节底座中。

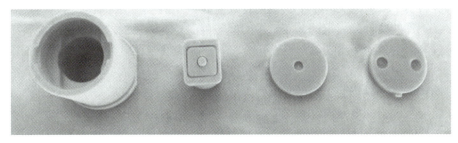

图 9-59　关节装配所需的工件

关节底座放置在立体仓库模块上，关节电机放置在旋转供料模块上，减速器和输出法兰放置在井式供料模块中，如图 9-60 所示。

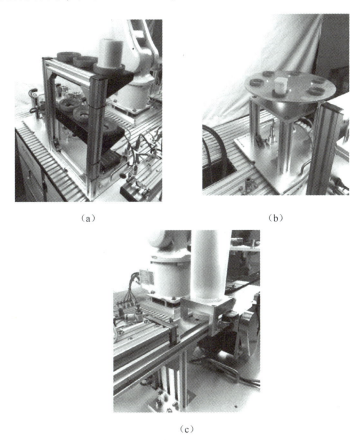

（a）　　　　　　　　　　　　　　　（b）

（c）

图 9-60　关节装配所需工件布局

（a）关节底座放置位置；（b）电机放置位置；（c）减速器和输出法兰放置位置

任务实施

（一）输出法兰取放位置示教

井式供料模块出料有两种工件，分别是减速器和输出法兰。工件经输送模块到达传送带末端时，工件的位置是固定的，而工件的旋转角度是不固定的。减速器的旋转角度对减速器装配没有影响，而输出法兰的旋转角度将影响输出法兰的装配。所以采用相机识别工件的类型，并将识别到的输出法兰的旋转角度发送给工业机器人，工业机器人调整抓取输出法兰时的位姿，完成将输出法兰装配到关节外壳中。

工业机器人调整抓取输出法兰位姿的方法是：

（1）工业机器人先示教输出法兰抓准取基准点以及输出法兰装配点。

（2）然后在此抓取基准点的基础上，结合相机识别得到的输出法兰的旋转角度，调整工业机器人抓取输出法兰时的目标点。

工业机器人示教输出法兰抓取基准点的步骤如下。

Step1：工业机器人运行取吸盘工具程序，抓取吸盘工具，如图 9-61 所示。

Step2：手动将输出法兰放入井式供料模块中，控制井式供料模块出料以及开启皮带输送模块，直到输出法兰在传送带末端稳定，如图 9-62 所示。

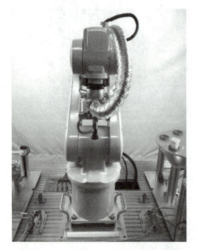

图 9-61　工业机器人取吸盘工具

图 9-62　输出法兰稳定位置

Step3：在 CameraTask 中，将程序指针设置到 main 程序，单独运行 CameraTask 任务，如图 9-63 所示。

Step4：依次选择"主菜单"→"程序数据"→"CameraTask"→"num"，记录下此时 Rotation 的数值，Rotation 值为 0.275，如图 9-64 所示。该数值为机器人抓取输出法兰时位姿变换的基准值。

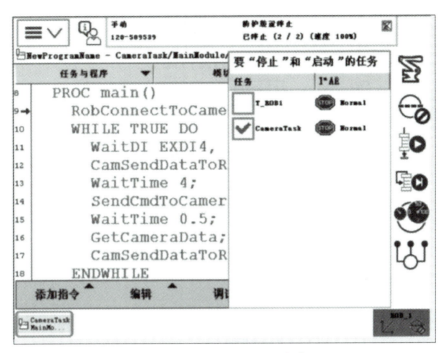

图 9-63　运行 CameraTask 任务

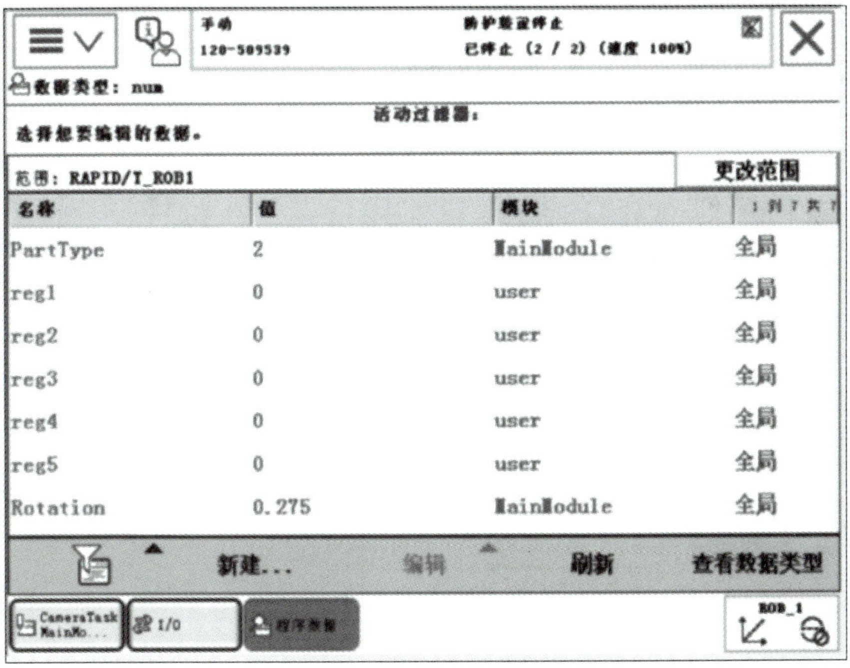

图 9-64　记录 Rotation 数值

Step5：在任务 T_ROB1 中新建变量 pPickFalan，数据类型为 robtarget，如图 9-65 所示。

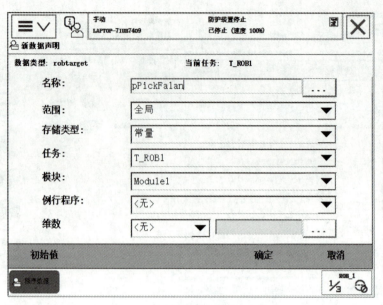

图 9-65　新建 **pPickFalan** 变量

Step6：在任务 T_ROB1 中新建变量 pAssembleFalan，数据类型为 robtarget，如图 9-66 所示。

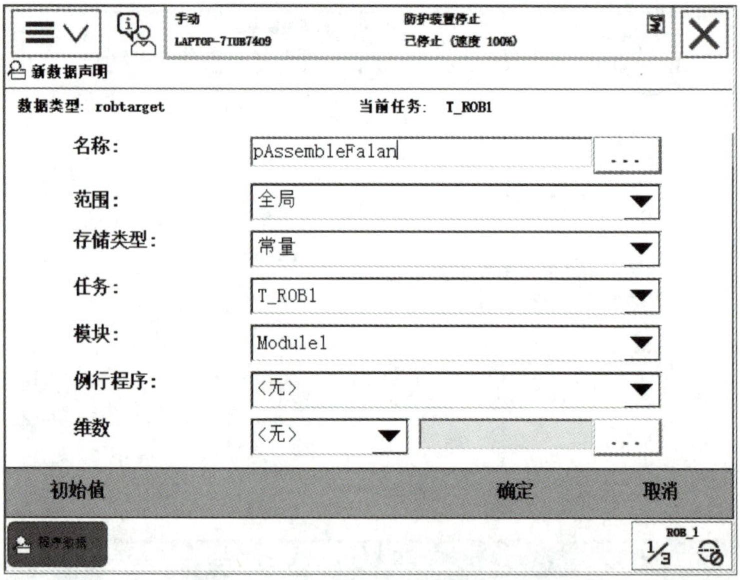

图 9-66　新建 **pAssembleFalan** 变量

Step7：手动操纵工业机器人，移动到输出法兰抓取位置，并修改目标点 pPickFalan 的位置，如图 9-67 所示。

Step8：手动控制数字量输出信号，抓取输出法兰，装配到关节底座中，并修改目标点 pAssembleFalan 的位置，如图 9-68 所示。

图 9-67　目标点 pPickFalan 位置

图 9-68　目标点 pAssembleFalan 位置

（二）编写关节装配程序

关节装配程序及其说明如表 9-17~表 9-19 所示。

表 9-17　关节装配主程序及其说明

序号	程序	程序说明
1	PROC main（）	主程序开始
2	MoveAbsJ pHome\NoEOffs，v1000，z50，tool0；	回原点
3	PosTemp ：= pToolhukou；	将弧口工具抓取点信息赋值给 PosTemp
4	PickTool；	调用取弧口工具程序
5	PickBase；	调用取关节底座程序
6	PutBase；	调用安装底座程序
7	PosTemp ：= pToolhukou；	将弧口工具抓取点信息赋值给 PosTemp
8	PutTool；	调用放置工具程序
9	PosTemp ：= pToozhikou；	将直口工具抓取点信息赋值给 PosTemp
10	PickTool；	取直口工具
11	RotateTo0；	旋转供料单元归零
12	RotateStart；	旋转供料单元启动
13	PickMotor；	取电机
14	AssembleMotor；	安装电机
15	PosTemp ：= pToolzhikou；	将直口工具抓取点信息赋值给 PosTemp
16	PutTool；	放置直口工具
17	PosTemp ：= pPickXipan；	将吸盘工具抓取点信息赋值给 PosTemp
18	PickTool；	取吸盘工具
19	Label1：	Label1 标签
20	JingshiChuLiao；	井式出料单元启动
21	ConverorRun；	传动带启动
22	WaitUntil CamSendDataToRob；	等待相机处理数据完成信号例行程序
23	IF PartType = 1 THEN	如果工件类型为1
24	PickJSQ	取减速器
25	AssembleJSQ；	安装减速器
26	GOTO Label1；	程序跳转到标签1

序号	程序	程序说明
27	ELSEIF PartType = 2 THEN	如果工件类型为 2
28	PickFalan	取法兰
29	AssembleFalan;	安装法兰
30	ENDIF	条件判断结束
31	ENDPROC	主程序结束

表 9-18　取输出法兰程序及其说明

序号	程序	程序说明
1	PROC PickFalan( )	例行程序开始
2	MoveAbsJ pHome\NoEOffs,v1000,z50,tool0;	回原点
3	MoveJ RelTool(PickFalan,0,0,-50\Rz：=-Rotation),v200,z10,tool0;	移动到相对 PickFalan 点沿工具 Z 轴偏移 50 并旋转 Rotation 角度的位置
4	MoveJ RelTool(PickFalan,0,0,0\Rz：=-Rotation),v50,z50,tool0;	移动到相对 PickFalan 点沿工具 Z 轴旋转 Rotation 角度的位置
5	SetDO YV5,1;	开启吸盘工具
6	WaitTime 1;	延时 1 s
7	MoveL RelTool(PickFalan,0,0,-50\Rz：=-Rotation),v50,z50,tool0;	移动到相对 PickFalan 点沿工具 Z 轴偏移 50 并旋转 Rotation 角度的位置
8	MoveAbsJ pHome\NoEOffs,v1000,z50,tool0;	回原点
9	ENDPROC	PickFalan 程序结束

表 9-19　安装输出法兰程序及其说明

序号	程序	程序说明
1	PROC AssembleFalan( )	AssembleFalan 例行程序
2	turncon. command：=3;	变位机翻转命令
3	turncon. position：=-20;	变位机翻转角度为-20°
4	turncon. speed：=100;	变位机翻转速度为 100 mm/s
5	WaitUntil turnstate. position=-20;	等待变位机翻转到-20°
6	MoveJ RelTool (pAssembleFalan,0,0,-50),v1000,z50,tool0;	移动到相对输出法兰装配点沿工具 Z 轴偏移 50 mm 的位置
7	MoveL pAssembleFalan,v50,fine,tool0\WObj：=wobj0;	工业机器人移动到安装输出法兰位置
8	MoveL RelTool (pAssembleFalan,0,0,0\Rz=90),v50,z50,tool0;	绕当前工具坐标系的 Z 轴旋转 90°
9	Reset YV5;	关闭吸盘工具
10	MoveJ RelTool (pAssembleFalan,0,0,-50),v1000,z50,tool0;	移动到相对输出法兰装配点沿工具 Z 轴偏移 50 mm 的位置
11	MoveAbsJ pHome\NoEOffs,v1000,z50,tool0;	回原点

续表

序号	程序	程序说明
12	turncon. command：= 3；	变位机翻转命令
13	turncon. position：= 0；	变位机翻转到 0°
14	turncon. speed：= 100；	变位机翻转速度为 100
15	WaitUntil turnstate. position = 0；	等待变位机翻转到 0°
16	ENDPROC	AssembleFalan 程序结束

评价与总结

根据任务完成情况，填写评价表，如表 9-20 所示。

表 9-20　任务评价表

任务：工业机器人视觉检测			实习日期：			
姓名：	班级：		学号：	导师签字：		
自评：□熟练 　　□不熟练	互评：□熟练 　　　□不熟练		师评：□合格 　　　□不合格			
日期：	日期：		日期：	日期：		
序号	评分项	得分条件	配分	评分要求	自评	互评	师评
1	认知能力	作业1：视觉检测模块配置 □1. 能正确安装视觉检测模块 □2. 能正确完成视觉检测模块接线 □3. 能正确完成相机硬件配置 □4. 能正确完成相机参数设置 □5. 能正确建立相机通信数据 作业2：相机任务编程 □1. 能正确建立相机工程文件 □2. 能正确识别工件的类别 □3. 能正确识别工件的旋转角度 □4. 能正确建立工业机器人与相机的通信 作业3：视觉检测编程与调试 □1. 能正确编写工件装配程序 □2. 能正确完成视觉任务程序优化	65	未完成1项扣4.5分，扣分不得超过65分	□熟练 □不熟练	□熟练 □不熟练	□合格 □不合格

续表

序号	评分项	得分条件	配分	评分要求	自评	互评	师评
2	叙述能力	☐1. 能正确叙述加载和运行程序 ☐2. 能正确叙述和编写视觉程序	20	未完成1项扣10分，扣分不得超过20分	☐熟练 ☐不熟练	☐熟练 ☐不熟练	☐合格 ☐不合格
3	资料、信息查询能力	☐1. 能正确使用维修手册查询资料 ☐2. 能正确使用用户手册查询资料	10	未完成1项扣5分，扣分不得超过10分	☐熟练 ☐不熟练	☐熟练 ☐不熟练	☐合格 ☐不合格
4	表单填写与报告的撰写能力	☐1. 字迹清晰 ☐2. 语句通顺 ☐3. 无错别字 ☐4. 无涂改 ☐5. 无抄袭	5	未完成1项扣1分，扣分不得超过5分	☐熟练 ☐不熟练	☐熟练 ☐不熟练	☐合格 ☐不合格
	总分						

拓展练习

一、选择题

1. 图 9-69 显示的 q1~q4 位置数据是机器人的（　　）数据。

图 9-69　选择题 1 用图

A. X、Y、Z 位置数据　　　　　　　B. 姿态数据

C. 轴配置数据　　　　　　　　　　　D. 外部轴数据

2. 机器人回原点时，若需要先将 Z 轴回到原点位置，就要将机器人当前位置赋值给一个点位。这个点位定义时为（　　）存储类型。

A. 变量　　　　　　B. 可变量　　　　　　C. 常量　　　　　　D. 变量或可变量

3. 调试机器人程序，按图 9-70 所示线框内的运行按钮，机器人会（ 　　）。

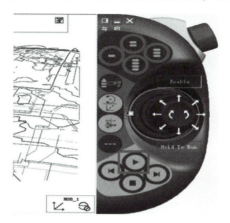

图 9-70　选择题 3 用图

A 停止运行　　　　　　　B 暂停运行　　　　　C 单段运行　　　　　D 连续运行

4. 示教器的作用不包括（ 　　）。

A. 点动机器人　　　　B. 离线编程　　　　C. 试运行程序　　　　D. 查阅机器人状态

5. 下列哪项不是工业机器人进行视觉检测的主要内容？（ 　　）

A. 颜色　　　　　　　B. 形状　　　　　　C. 位置　　　　　　D. 尺寸

6. ABB 工业机器人与相机以哪种方式进行通信？（ 　　）

A. Socket 通信　　　　　　　　　　　B. PROFINET 通信

C. MODBUS TCP 通信　　　　　　　　D. MODBUS RTU 通信

7. 以下哪个指令不是相机测试时，需要发送的指令？（ 　　）

A. se8　　　　　　　　　　　　　　B. GVFlange. Fixture. X

C. admin　　　　　　　　　　　　　D. password

8. 通过以下哪个指令，可以获取工件的 X 坐标数据？（ 　　）

A. GVFlange. X　　　　　　　　　　B. GVFlange. Fixture. X

C. Fixture. GVFlange. X　　　　　　　D. Fixture. X

二、判断题

1. "WaitDI Di1，1；"语句的功能与"WaitUntil di1，1；"语句的功能相同。（ 　　）

2. WaitUntil 比 WaitDI 应用范围更广，不仅可用于信号的条件判断，还可用于各类数据条件判断。（ 　　）

3. 在程序编辑器中添加 Set 指令时，不能在 Common 指令组中进行添加。（ 　　）

4. 进行工业机器人编程时，既可以使用 MobeJ 指令使机器人回原点，也可以使用 MobeAbsJ 指令使机器人回原点。（ 　　）

参 考 文 献

[1] 邓三鹏，周旺发，祁宇明. ABB 工业机器人编程与操作［M］. 北京：机械工业出版社，2018.

[2] 杨杰忠，王振华. 工业机器人操作与编程［M］. 北京：机械工业出版社，2017.

[3] 陈小艳，郭炳宇，林燕文，工业机器人现场编程（ABB）［M］. 北京：高等教育出版社，2018.

[4] 叶晖，管小清. 工业机器人实操与应用技巧［M］. 北京：机械工业出版社，2017.

[5] 韩建海. 工业机器人［M］. 5 版. 武汉：华中科技大学出版社，2022.

[6] 苏娜，康瑞芳. 工业机器人［M］. 北京：中国纺织出版社，2018.